21世纪高等院校计算机应用规划教材

C语言程序设计
实训教程

主 编 杨丽萍 顾 洪

南京大学出版社

图书在版编目(CIP)数据

C语言程序设计实训教程 / 杨丽萍，顾洪主编. -- 南京 ：南京大学出版社，2021.9(2022.10重印)
ISBN 978-7-305-24865-8

Ⅰ. ①C… Ⅱ. ①杨… ②顾… Ⅲ. ①C语言—程序设计—教材 Ⅳ. ①TP312.8

中国版本图书馆CIP数据核字(2021)第163988号

出版发行　南京大学出版社
社　　址　南京市汉口路22号　　　　邮　编　210093
出 版 人　金鑫荣

书　　名　C语言程序设计实训教程
主　　编　杨丽萍　顾　洪
责任编辑　吴　汀　　　　　　　　编辑热线　025-83595840

照　　排　南京南琳图文制作有限公司
印　　刷　南京人民印刷厂有限责任公司
开　　本　787×1092　1/16　印张 12.5　字数 304 千
版　　次　2021年9月第1版　2022年10月第2次印刷
ISBN 978-7-305-24865-8
定　　价　45.00元

网址：http://www.njupco.com
官方微博：http://weibo.com/njupco
官方微信号：njupress
销售咨询热线：(025) 83594756

---

* 版权所有，侵权必究
* 凡购买南大版图书，如有印装质量问题，请与所购图书销售部门联系调换

前　　言

C语言程序设计作为各大高校工科类公共课、专业基础课的重要组成部分，是一门实践性很强的结构化程序设计语言。学习和掌握C语言离不开上机实践练习，实训书可以帮助读者通过练习掌握一定的程序设计能力。本书基于编者十多年的一线教学经验编写而成。

本书结合课程的知识点分为19个实训项目，每个实训都针对课前知识准备、课上编程练习、课后拓展练习三个环节设计了实训内容，包括知识点准备、程序分析，单项练习、程序练习以及拓展练习。希望通过循环渐进、由浅入深的方式帮助读者学习掌握各知识点的语法、算法和编程技巧。

实训内容可以按以下步骤进行：

在学习完相关理论课程后，读者首先进行知识点准备填空和单项练习，巩固所学语法知识；知识点准备充分后阅读并上机完成程序分析部分的练习，理解程序执行过程，理清思路；实训内容按照修改程序、完善程序、编写程序进行展开，完成程序设计过程；课后完成拓展练习，检验所学，了解自己对所学知识的掌握情况。

本书注重实践性并有以下特点：

1. 由浅入深，从易到难。本书从基础知识到解决问题，都设置了合适的实例，使读者能够在潜移默化中掌握C语言的语法和编程技巧。

2. 实践性、实用性强。本书实例丰富，每个实训项目都设置了丰富的实例。难易适中，覆盖面广，既包括理解语法的实例，又有增加兴趣和提高编程能力的案例。

3. 前后衔接，具有连贯性。本书选取的算法实例，在不同的知识点中出现，反复使用可以让读者加深算法理解，避免初学者的畏难心理。

本书不仅可作为C语言程序设计课程的实训书，也可以作为计算机二级辅导用书，还可以供自学者自学。全书由杨丽萍老师、顾洪老师编写，同时也获得了其他老师的支持，在此一并表示感谢。

由于编者水平有限，书中难免有疏漏不当之处，恳请读者批评指正。

编者

2021年6月

目　录

实训一　编辑环境

一、Visual C ++ 6.0 集成环境

Visual C ++ 6.0 是 Microsoft 公司提供的在 Windows 环境下进行应用程序开发的 C/C ++编译器，提供的是可视化的集成开发环境。

1. 启动 VC ++ 6.0

方法一：双击桌面 Microsoft Visual C ++ 6.0 的快捷图标

。

方法二：单击【开始】按钮→【所有程序】→【Microsoft Visual C ++ 6.0】→单击 Microsoft Visual C ++ 6.0，Microsoft Visual C ++ 6.0 即可打开。

方法三：双击打开一个 C 程序文件，随之打开 VC ++ 6.0。

通常第一次启动 VC ++ 6.0 后，出现的界面如图 1 - 1 所示。

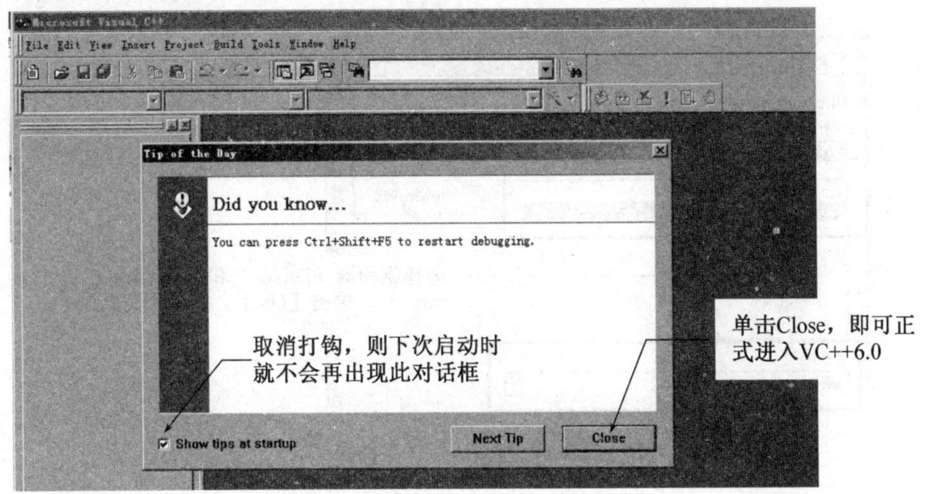

图 1 - 1　启动界面

2. 新建 C 源程序

单击【File】→【New】→【C ++ Source File】→输入 1 - 1. c→选择 E 盘新建文件夹→【OK】，操作步骤如图 1 - 2(a)(b)(c)所示。

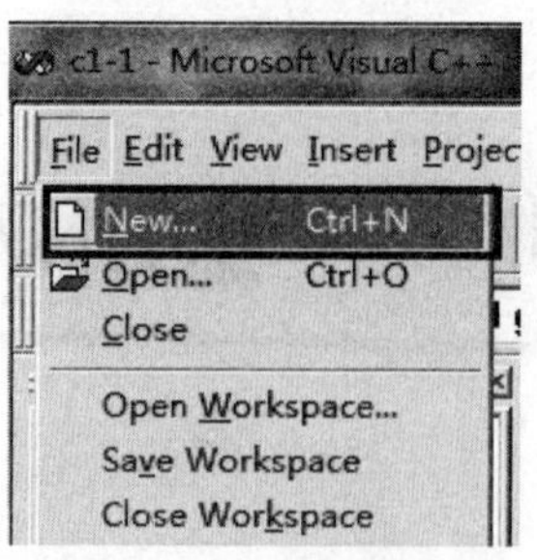

图 1-2(a) 新建文件

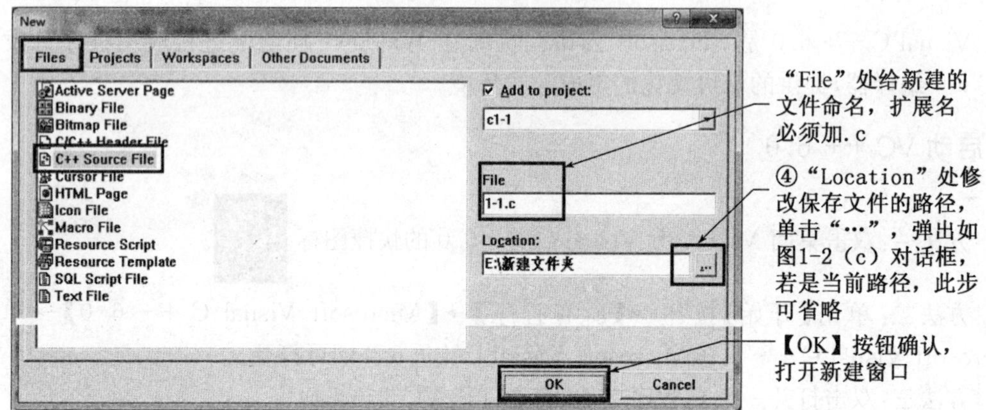

图 1-2(b) 新建文件

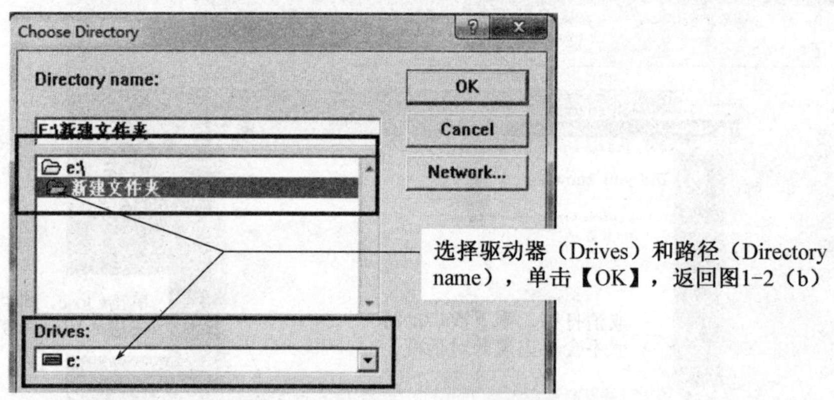

图 1-2(c) 选择保存路径

3. 输入源程序

在编辑窗口输入源程序，如图 1-3 所示。

```
#include <stdio.h>
void main()
{
    printf("This is a C program.\n");
}
```

注意：

(1) 输入源程序时，除汉字使用中文输入法，其余所有字符均使用英文输入法。

(2) C 语言中，大写字母与小写字母是不同字母。

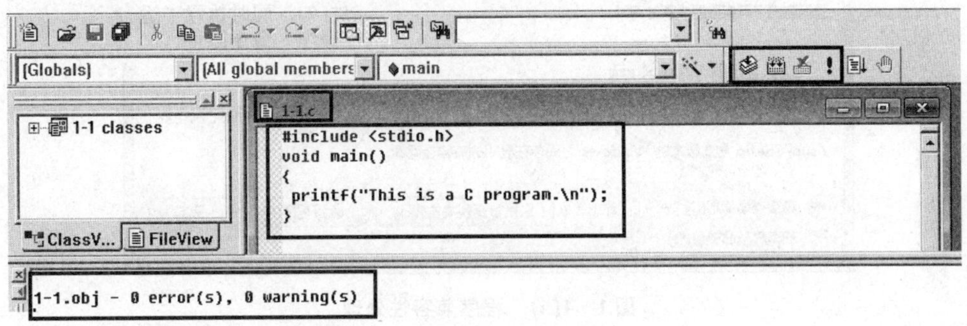

图 1-3　输入源程序

4. 编译、链接和运行源程序

编辑 C 源程序生成. c 文件，编译后生成. obj 文件，链接后生成. exe 文件，运行后生成运行结果。

(1) 编译源程序

方法一：选择【build】→【compile】。

方法二：单击编译微型条上按钮，如图 1-4 所示。

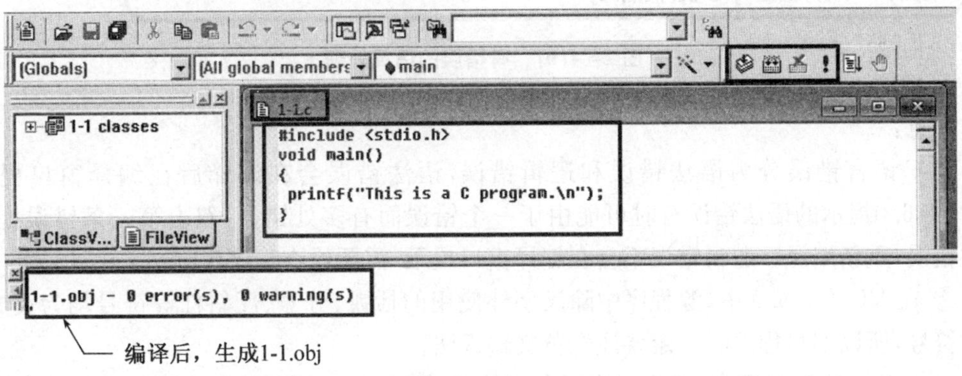

图 1-4　编译程序

注意：在 Win 7 操作系统下首次运行可能会弹出一个窗口，处理方法见图 1-4(a)所示。

如果编写程序中有语法错误，必须将错误修改后方可运行，如图 1-4(b)所示。

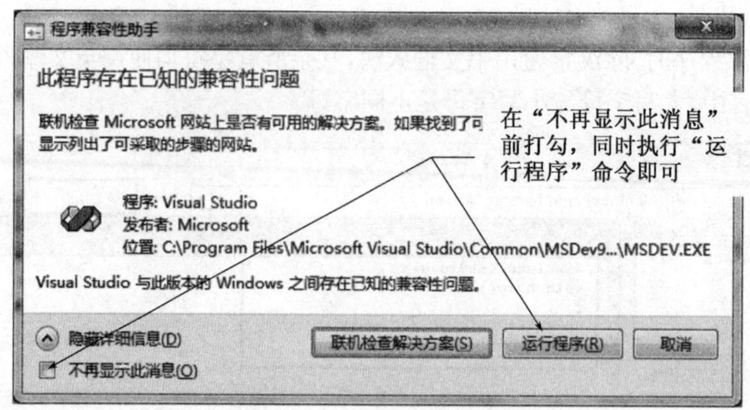

图 1-4(a)　程序兼容性处理

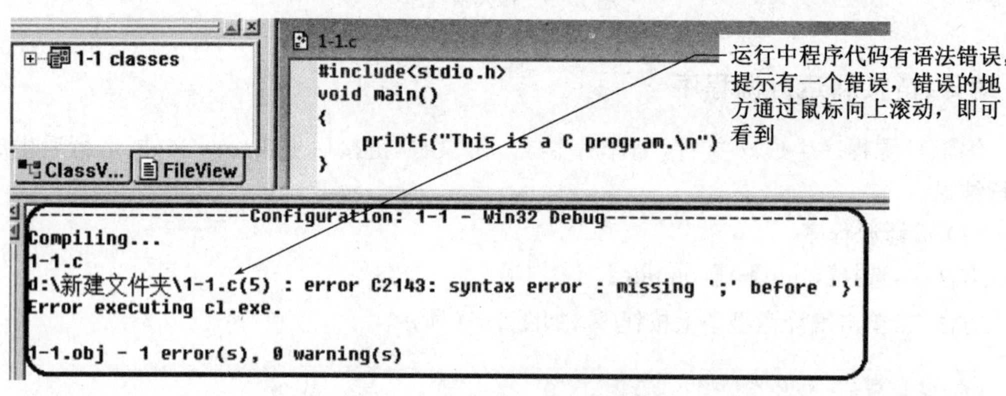

图 1-4(b)　有错误的情况处理

注意：

① C语言错误分为语法错误和逻辑错误，语法错误会在编译后在编译窗口提示。VC++ 6.0提示的语法错误有时可能由于一个错误而有多处错误，双击第一条错误提示，修改错误，重新编译。逻辑错误不会在编译窗口提示，需要检查程序代码。

② 在 VC++ 6.0 中，源程序中除汉字外使用的括弧、分号、反斜杠等符号均为英文的半角符号，所以编写程序时一定要注意英文输入法。

③ 在运行程序过程中，产生很多同名文件，如图 1-4(c)所示，其中最为重要的为源程序(扩展名为.c)，其他文件为运行时产生的一系列编译、链接等文件。

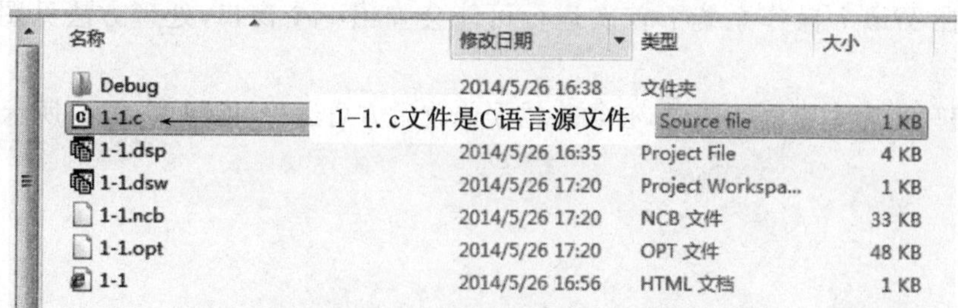

图 1-4(c)　运行程序产生的文档

(2) 链接程序

方法一:选择【build】→【build】。

方法二:单击编译微型条的按钮 。

(3) 运行程序

方法一:选择【build】-【Run】。

方法二:单击编译微型条按钮 。

运行结果显示,正确执行结果如图 1－4(d)所示。

Press any to continue为按任意键继续，程序运行时均会显示

图 1－4(d)　程序运行窗口

5. 退出 VC ++ 6.0

(1) 单击窗口右上角的【×】。

(2) 使用快捷键【Alt】+【F4】。

(3) 选择菜单栏【File】→【Exit】。

注意:新建第二个文件前,如果没有关闭 VC ++ 6.0,需要关闭工作空间,操作方法如图 1－4(e)所示。

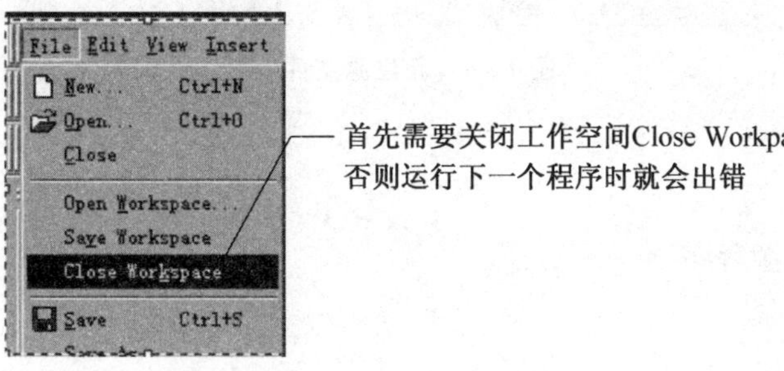

图 1－4(e)　关闭工作区

二、Dev C ++

Dev C ++是 windows 环境下 C/C ++的集成开发工具。该工具包括多页面窗口、工程编辑器以及调试器等,工程编辑器集合了编辑器、编译器、链接程序和执行程序,并提供高亮语法显示,以减少编辑错误,能满足初学者与编程高手的不同需求,与不同操作系统兼容,是学习 C/C ++的首选开发工具。

1. 启动 Dev C++

双击图标  。

2. 新建 C 源程序

方法一:【文件】→【新建】→【源代码】。

方法二:单击按钮 ,如图 1-5 所示。

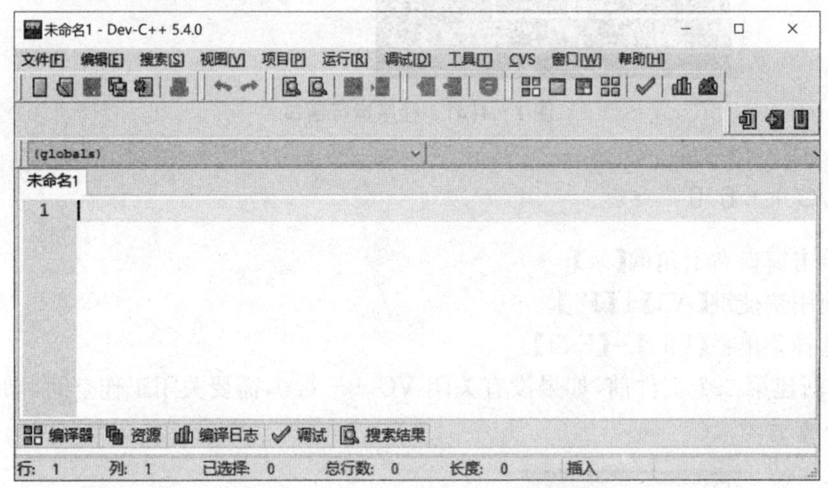

图 1-5 新建源文件

3. 输入 C 源程序

在编辑窗口输入源程序。

```
#include <stdio.h>
void main()
{
    printf("This is a C program.\n");
}
```

单击【文件】→【保存】或单击按钮 -D:\1-2.c,如图 1-6 所示。

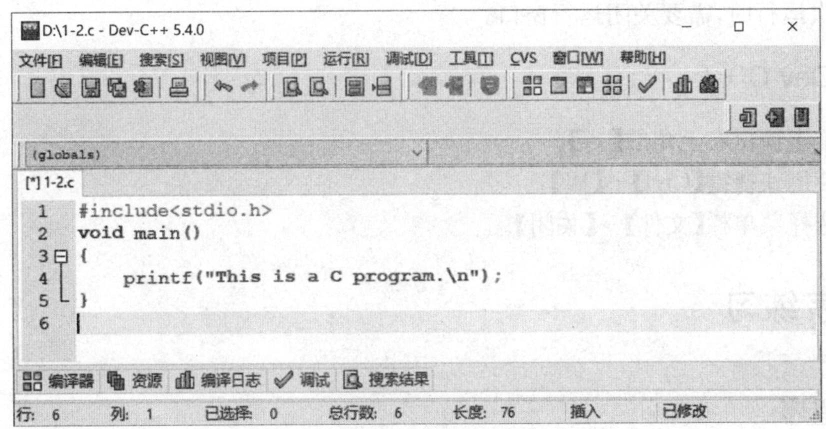

图 1-6　输入源文件并保存

4. 编译、运行源程序

(1) 编译程序

方法一:【运行】→【编译】。

方法二:单击按钮  ,如图 1-7 所示。

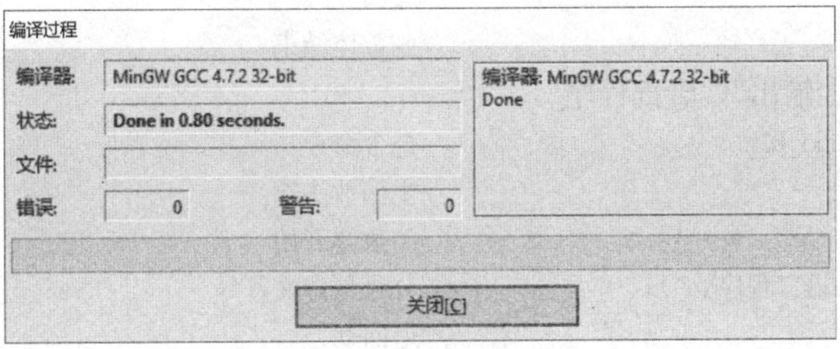

编译过程
编译器: MinGW GCC 4.7.2 32-bit
状态: Done in 0.80 seconds.
文件:
错误: 0　警告: 0
编译器: MinGW GCC 4.7.2 32-bit
Done
关闭[C]

图 1-7　编译结果

(2) 运行源程序

方法一:【运行】→【运行】。

方法二:单击按钮 ,如图 1-8 所示。

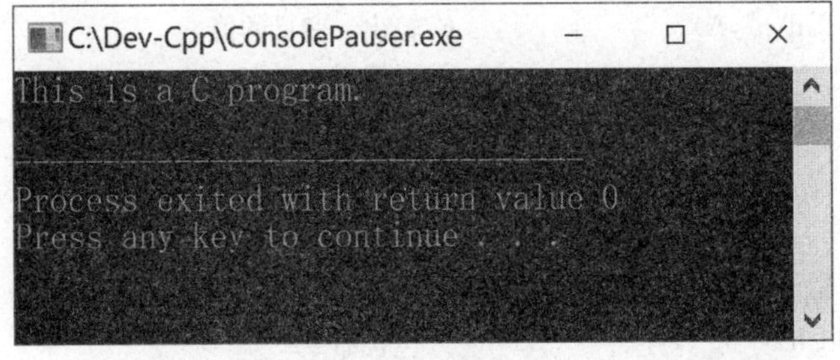

图 1-8　运行结果

第二次运行时,需要关闭运行窗口。

5. 退出 Dev C++

(1) 单击窗口右上角的【×】。
(2) 使用快捷键【Ctrl】+【W】。
(3) 选择菜单栏【文件】→【关闭】。

四、程序练习

1. 修改程序

下面程序中均有 2 处错误,阅读程序并上机调试,不增加程序代码行,修改程序,使程序能够正确运行。

(1) 在屏幕上输出"C Program."。

```
#include <stdio.h>                          //包含命令
int mian()                                  //主函数头部
{                                           //函数体开始
    printf("C Program.\n")                  //在屏幕上输出信息
    return 0;                               //返回 0
}                                           //函数体结束
```

(2) 在屏幕上输出"C 语言程序"。

```
#include <stdio.h>                          //包含命令
int main                                    //主函数头部
{                                           //函数体开始
    printf("C 语言程序\n");                 //分号是中文符号
    return 0;                               //返回 0
}                                           //函数体结束
```

(3) 在屏幕上输出"a=3"。

```
#include <stdio.h>                          //包含命令
Int main()                                  //主函数头部
{                                           //函数体开始
    int a=3;                                //定义整型变量 a
    printf("a=%d\n",A);                     //输出 a 变量的值
    return 0;                               //返回 0
}                                           //函数体结束
```

2. 完善程序

(1) 在屏幕上输出"a=3"。

```
#include <stdio.h>                          //包含命令
int ____()                                  //主函数头部
{                                           //函数体开始
```

```
    int a=3 ____                          //定义整型变量 a
    printf("a=%d\n",a);                   //输出 a 变量的值
    return 0;                             //返回 0
}                                         //函数体结束
```

(2) 在屏幕上输出“a+b=4”。

```
____include <stdio.h>                     //包含命令
int main()                                //主函数头部
{                                         //函数体开始
    int a=3,b=1;                          //定义整型变量 a,b
    ____("a+b=%d\n",a+b);                 //输出 a+b 的值
    return 0;                             //返回 0
}                                         //函数体结束
```

3. 编写程序

(1) 编写程序,在屏幕上输出“hello!”。

(2) 编写程序,在屏幕上输出“你好!”。

(3) 编写程序,输出

```
  *
 ***
*****
```

(4) 编写程序,设置 a=2,b=3,在屏幕上输出“a * b=6”。

五、拓展练习

1. 以下叙述中正确的是(　　)。
   A. C 程序中注释部分可以出现在程序中任意合适的地方
   B. 花括号“{“和”}”只能作为函数体的定界符
   C. 构成 C 程序的基本单位是函数,所有函数名都可以由用户命名
   D. 分号是 C 语句之间的分隔符,不是语句的一部分
2. 以下叙述中正确的是(　　)。
   A. C 语言的源程序不必通过编译就可以直接运行
   B. C 语言中的每条可执行语句最终都将被转换成二进制的机器指令
   C. C 源程序经编译形成的二进制代码可以直接运行
   D. C 语言中的函数不可以单独进行编译
3. 一个 C 语言程序是由(　　)。
   A. 一个主程序和若干子程序组成　　B. 函数组成
   C. 若干过程组成　　D. 若干子程序组成
4. 以下叙述不正确的是(　　)。
   A. 一个 C 源程序可由一个或多个函数组成
   B. 一个 C 源程序必须包含一个 main 函数

C. C程序的基本组成单位是函数

D. 在C程序中,注释说明只能位于一条语句的后面

5. C语言源程序名的后缀是(　　)。

A. exe　　B. c　　C. obj　　D. cp

6. C语言源程序文件经过C编译程序编译连接之后生成一个后缀为(　　)的可执行文件

A. c　　B. obj　　C. exe　　D. bas

7. C语言源程序文件经过C编译程序编译后生成的目标文件的后缀为(　　)。

A. c　　B. obj　　C. exe　　D. bas

8. 以下叙述中正确的是(　　)。

A. C程序中的注释只能出现在程序的开始位置和语句的后面

B. C程序书写格式严格,要求一行内只能写一个语句

C. C程序书写格式自由,一个语句可以写在多行上

D. 用C语言编写的程序只能放在一个程序文件中

9. 下列叙述中错误的是(　　)。

A. 计算机不能直接执行用C语言编写的源程序

B. C程序经C编译程序编译后,生成后缀为.obj的文件是一个二进制文件

C. 后缀为.obj的文件,经连接程序生成后缀为.exe的文件是一个二进制文件

D. 后缀为.obj和.exe的二进制文件都可以直接运行

10. 以下叙述错误的是(　　)。

A. C语言是一种结构化程序设计语言

B. 结构化程序设计由顺序、分支、循环三种基础结构组成

C. 使用三种基础结构构成的程序只能解决简单问题

D. 结构化程序设计提倡模块化的设计方法

实训二　程序设计初步知识

一、知识点巩固

1. C语言标识符是一个字符序列，用来标明变量名、数组名、函数和数据类型等，其命名规则是只能由________、________和________组成。首字母只能是________和________。

2. C语言的数据分为常量和________。

3. 数据类型

C语言基本数据类型有整型、实型、字符型和空类型。其中基本整型用关键字________表示，占________字节内存；短整型用关键字________表示，占________字节内存；长整型用关键字________表示，占________字节内存；无符号基本整型用关键字________表示，占________字节内存；无符号短整型用关键字________表示，占________字节内存；无符号长整型用关键字________表示，占________字节内存。单精度实型用关键字________表示，占________字节内存；双精度实型用关键字________表示，占________字节内存；字符型用关键字________表示，占________字节内存。

4. 常量

十进制整型常量由数字________________组成；八进制整型常量以________开头，由________________组成；十六进制整型常量以________开头，由________________组成；长整型常量以________结尾标记。

实型常量有小数形式和________形式。

字符常量用________括起来的____个字符，转义字符是以________开头的序列。

5. 变量

(1) 变量必须先________后________。

(2) 在一行同时声明多个同类型变量时，变量之间用________分隔。

6. 运算符

(1) 算术运算符

算术运算符有____个，分别是____________________，它们的优先级按照由高到低排列分别是____，其中，要求两个操作数必须为整型的是________。两个整数相除结果是________。

(2) 赋值运算符

优先级比算术运算符________。结合方向：________结合。赋值运算符左端只能是________。

(3) 逗号运算符

优先级比赋值运算符________。结合方向：________结合。计算规则：______________

________。

7. printf()函数输入数值型数据常用的格式符中：整型用________，单精度实型用________，双精度实型用________，字符型用________。

8. scanf()函数输入数值型数据常用的格式符中：整型用________，单精度实型用________，双精度实型用________，字符型用________。

二、程序分析

阅读程序并上机调试，回答以下问题。

1.
```
#include <stdio.h>
int main()
{
    int a,b;                    //A  声明整型变量 a 和 b
    a=3;                        //B  a 赋值 3
    b=4;                        //C  b 赋值 4
    c=a+b;                      //D  将 a+b 的值赋值给 c
    printf("%d\n",c);           //E  输出 c 变量的值
    return 0;
}
```

(1) 编译上述程序后，在输出窗口出现"________ error(s)，________ warning(s)"，说明此程序存在________个错误和________个警告错误。

(2) 错误信息为____________，翻译为________。

(3) 将________行错误语句修改为________。

(4) 再次编译，在输出窗口的信息为________。

(5) 运行程序，运行结果为________。

(6) 说明变量必须________________。

2.
```
#include <stdio.h>
int main()
{
    int a,b,c;                  //A  声明整型变量 a,b 和 c
    c=a+b;                      //B  将 a+b 的值赋值给 c
    printf("%d\n",c);           //C  输出变量 c
    return 0;
}
```

(1) 编译上述程序后，在输出窗口出现"________ error(s)，________ warning(s)"，说明此程序存在________个错误和________个警告错误。

(2) 运行程序，运行结果为________。

(3) 检查程序，发现 a 和 b 变量没有初值，因此运行结果是随机值。将________行错误语句修改为________（给 a 赋值 3，给 b 赋值 4）。

(4) 再次编译连接运行，则输出窗口的运行结果为________。

(5) 说明变量没有________，不能参与运算，否则会产生随机值。

3. 已知变量 a,b 为整数,求数学式 a/b 的值。

```
#include <stdio.h>
int main()
{
    int a,b;                         //A  声明整型变量 a 和 b
    a=3;                             //B  a 赋值 3
    b=4;                             //C  b 赋值 4
    printf("%d\n",a/b);              //D  输出 a/b 的值
    return 0;
}
```

(1) 编译上述程序后,在输出窗口出现"________ error(s),0 warning(s)",说明此程序没有语法错误。

(2) 运行程序,运行结果为________。

(3) 运行结果与预估值 0.75 不符,检查程序,首先如果要输出实型结果,格式字符应修改为________。其次,因为 C 语言中整数相除结果为________,所以将表达式 a/b 改为________。或使用强制转换运算符(float)a/b。

(4) 再次编译连接运行,在输出窗口的运行结果为________。

(5) 结论是没有语法错误,不代表程序就没有问题,需要上机反复测试运行。编写程序前,要考虑变量的类型、运算符运算规则,以及输出格式。

三、单项练习

1. 下面四个选项中,均是不合法的浮点数的选项是(　　)。

A. 160.　0.12　e3　　　　B. 123　2e4.2　.e5

C. －.18　123e4　0.0　　　　D. －e3　.234　1e3

2. 已知大写字母 A 的 ASCII 码是 65,小写字母 a 的 ASCII 码是 97,则用八进制表示的字符常量 '\101' 是(　　)。

A. 字符 A　　B. 字符 a　　C. 字符 e　　D. 非法的常量

3. 以下合法的字符型常量是(　　)。

A. '\x13'　　　　B. '\081'

C. '65'　　　　D. "\n"

4. 以下选项中,合法的一组 C 语言数值常量是(　　)。

A. 028　_5e－3　_0xf　　　　B. 12.　0Xa23　4.5e0

C. 177　4e1.5　0abc　　　　D. 0x8A　10,000　3.ef

5. C 语言中的标识符只能由字母、数字和下划线三种字符组成,且第一个字符(　　)。

A. 必须为字母　　　　B. 必须为下划线

C. 必须为字母或下划线　　　　D. 可以是字母、数字和下划线中任一字符

6. 下面四个选项中,均是不合法的用户标识符的选项是(　　)。

A. A　P_0　do　　　　B. float　la0　_A

C. b－a　goto　int　　　　D. _123　temp　int

7. 下列四个选项中,均是C语言关键字的选项是(　　)。

A. auto　enum　include　　B. switch　typedef　continue

C. signed　union　scanf　　D. if　struct　type

8. 阅读以下程序.

```
#include <stdio.h>
void main()
{   int case;
    float printF;
    printf("请输入2个数.");
    scanf("%d %f",&case,&printF);
    printf(" %d %f\n",case,printF);
}
```

该程序编译时产生错误，其出错原因是(　　)。

A. 定义语句出错,case是关键字,不能用做用户自定义标识符

B. 定义语句出错,printf不能用做用户自定义标识符

C. 定义语句无错,scanf不能作为输入函数使用

D. 定义语句无错,printf不能输出case的值

9. 设变量a是整型,f是实型,i是双精度型,则表达式 10+'a'+i*f 值的数据类型为(　　)。

A. int　　B. float　　C. double　　D. 不确定

10. 设有说明 char w; int x; float y; double z;，则表达式 w*x+z−y 值的数据类型为(　　)。

A. float　　B. int　　C. char　　D. double

11. 以下关于long、int和short类型数据占用内存大小的叙述中正确的是(　　)。

A. 均占4个字节　　B. 根据数据的大小来决定所占内存的字节数

C. 由用户自己定义　　D. 由C语言编译系统决定

12. 设a=12,且a定义为整型变量,执行语句 a+=a−=a*=a;后,a的值为(　　)。

A. 12　　B. 144　　C. 0　　D. 132

13. C语言中以下几种运算符的优先次序排列正确的是(　　)。

A. 由高到低为. !,&&,||,算术运算符,赋值运算符

B. 由高到低为. !,算术运算符,关系运算符,&&,||,赋值运算符

C. 由高到低为. 算术运算符,关系运算符,赋值运算符,!,&&,||

D. 由高到低为. 算术运算符,关系运算符,!,&&,||,赋值运算符

14. 执行下列语句后,a和b的值分别为(　　)。

```
int a,b;
a=1+'a';
b=2+7%-4-'A';
```

A. −63,−64　　B. 98,−60　　C. 1,−60　　D. 79,78

15. C语言中运算对象必须是整型的运算符是(　　)。

A. %=　　B. /　　C. =　　D. 〈=

16. 若变量已正确定义并赋值,下面符合C语言语法的表达式是(　　)。

A. b+1=a　　　　B. a=b=c+2

C. int 18.5%3　　　　D. a=a+7=c+b

17. 设以下变量均为int类型,则值不等于7的表达式是(　　)。

A. (x=y=6,x+y,x+1)　　　　B. (x=y=6,x+y,y+1)

C. (x=6,x+1,y=6,x+y)　　　　D. (y=6,y+1,x=y,x+1)

18. 若有定义int a=7;float x=2.5,y=4.7;,则表达式 x+a%3*(int)(x+y)%2/4的值是(　　)。

A. 2.500000　　B. 2.750000　　C. 3.500000　　D. 0.000000

19. 若已定义x和y为double类型,则表达式x=1,y=x+3/2的值是(　　)。

A. 1　　B. 2　　C. 2.0　　D. 2.5

20. 假设所有变量均为整型,则表达式(a=2,b=5,b++,a+b)的值是(　　)。

A. 7　　B. 8　　C. 6　　D. 2

四、程序练习

1. 修改程序

下面程序中均有2处错误,阅读程序并上机调试,不增加程序代码行,修改程序,使程序能够正确运行。

(1) 已知整型变量a是一个两位整数,求两位数的数位上数字之和。如a=34,则数位之和为3+4=7。

```
#include <stdio.h>
int main
{
    int a=34,b;
    b=a%10;                    //a的个位数
    c=a/10;                    //a的十位数
    printf("%d\n",b+c);
    return 0;
}
```

(2) 已知整型变量a和b,将a和b的值互换,输出a和b。

```
#include(stdio.h)
int main()
{
    int a=34,b=43,t;
    a=t;
    a=b;
    b=t;
    printf("a=%d,b=%d\n",a,b);
```

```
    return 0;
}
```

2. 完善程序

下面程序均不完整，阅读程序并上机调试，不增加程序代码行，完善程序，使程序能够正确运行。

(1) 已知整型变量 x 是一个三位整数，求三位数的各数位上数字之积。如输入 345，则数位之积为 3＊4＊5＝60。

```
#include <stdio.h>
int main()
{
    int x=345,a,b,c,y;
    a=x%10;                       //求个位数
    b=________;                   //求十位数
    c=x/10/10;                    //求百位数
    y=________;
    printf("%d\n",y);
    return 0;
}
```

(2) 已知整型 a 的初值为 10，计算 $a^2+\sqrt{a}$的值。

```
#include <stdio.h>
#include <________>
int main()
{
    int a=10;
    double b;
    b=________;
    printf("%.2f\n",b);           //.2f表示输出结果有两位小数
    return 0;
}
```

3. 编写程序

(1) 已知华氏温度 F＝100 ℉，编写程序求出并输出摄氏温度 C，计算公式为 C＝5/9(F－32)，要求输出结果保留两位小数。

(2) 已知整型变量 a＝－4，b＝36，编写程序求出并输出$|a|+\sqrt{b}$的值，要求输出结果保留两位小数。

(3) 已知整型变量 a，初值为 346，编写程序求出并输出 a 的逆序数。

五、拓展练习

1. 若 a 为 int 类型，且其值为 3，则执行完表达式 a＋＝a－＝a＊a 后，a 的值是(　　)。

A. －3　　B. 9　　C. －12　　D. 6

2. 若变量已正确定义且 k 的值是 4，计算表达式（j=4, k--）后，j 和 k 的值为（　　）。

A. j=3, k=3　　B. j=3, k=4　　C. j=4, k=4　　D. j=4, k=3

3. 设 a 和 b 均为 double 型常量，且 a=5.5，b=2.5，则表达式(int)(a+b)/b 的值是（　　）。

A. 3.0　　B. 3　　C. 3.2　　D. 2.3

4. 若有以下程序段，c3 中的值是（　　）。

```
int c1=1,c2=2,c3;
c3=c1/c2;
```

A. 0　　B. 0.50　　C. 0.5　　D. 1

5. 已知变量 x 和变量 y 均为 int 型，则顺序执行下列语句后的结果是（　　）。

```
x=x+y;
y=x-y;
x=x-y;
```

A. 把 x 和 y 按从小到大排列　　B. 把 x 和 y 按从大到小排列

C. 结果不确定　　D. 交换变量 x 和 y 的值

6. 若变量 x，y 已正确定义并赋值，以下符合 C 语言语法的表达式是（　　）。

A. ++x,y=x--　　B. x+1=y

C. x=x+10=x+y　　D. double(x)/10

7. 以下选项中，值为 1 的表达式是（　　）。

A. 1-'0'　　B. 1-'\0'　　C. '1'-0　　D. '\0'-'0'

8. 设有以下定义

```
int a=0;
double b=1.25;
char c='A';
#define d 2
```

则下面语句中错误的是（　　）。

A. a++　　B. b++　　C. c++　　D. d++

9. 有以下定义语句 double a,b; int w; long c;，若各变量已正确赋值，则下列选项中正确的表达式是（　　）。

A. a=a+b=b++　　B. w%int(a+b)

C. (c+w)%(int)a　　D. w=a==b;

10. int a=2,b;b=(2*a,3,a-3)，则 b 的值为（　　）。

A. 2　　B. －1　　C. 3　　D. 1

11. 表达式(int)((double)9/2)-(9)%2 的值是（　　）。

A. 0　　B. 3　　C. 4　　D. 5

12. 设有定义 int x=2;，以下表达式中，值不为 6 的是（　　）。

A. x*=x+1　　B. x++,2*x

C. x*=(1+x)　　D. 2*x,x+=2

13. 若有代数式$\sqrt{|n^x|+e^x}$(其中e仅代表自然对数的底数,不是变量),则以下能够正确表示该代数式的C语言表达式是(　　)。

A. sqrt(abs(n^x+e^x));

B. sqrt(fabs(pow(n,x)+pow(x,e)));

C. sqrt(fabs(pow(n,x)+exp(x)))

D. sqrt(fabs(pow(x,n)+exp(x)))

14. 以下不能正确表示代数式2ab/cd的C语言表达式是(　　)。

A. 2*a*b/c/d　　B. a*b/c/d*2

C. a/c/d*b*2　　D. 2*a*b/c*d

15. 若有定义语句 int x=12,y=8,z;,在其后执行语句 z=0.9+x/y;,则z的值为(　　)。

A. 1.9　　B. 1　　C. 2　　D. 2.4

16. 下列变量说明语句中,正确的是(　　)。

A. char:a b c;　　B. char a;b;c;

C. int x;z;　　D. int x,z;

实训三　简单程序设计

一、知识点巩固

1. scanf()函数输入数值型数据常用的格式符中：整型用________，单精度实型用________，双精度实型用________，字符型用________。

2. printf()函数输入数值型数据常用的格式符中：整型用________，单精度实型用________，双精度实型用________或________，字符型用________。

3. %md 表示输出数据占________列，%5.2f 表示输出数据占________列，有________位小数。

二、程序分析

阅读程序并上机调试，回答以下问题。

1.
```
#include <stdio.h>
int main()
{
    int a,b;                              //A
    scanf("%d,%d",&a,&b);                 //B
    printf("%d %d\n",a,b);                //C
    printf("a=%d,b=%d\n",a,b);            //D
    printf("a=%5d,b=%5d\n",a,b);          //E
    return 0;
}
```

(1) 编译上述程序后，在输出窗口出现“0 error(s)，0 warning(s)”，说明此程序______语法错误。

(2) 运行程序，如果使 a 赋值 12，b 赋值 23，则在运行窗口输入________，运行结果第一行____________，运行结果第二行____________，运行结果第三行________________。

(3) 将运行结果比较，第二行输出增加了“a=，b=”信息，说明格式字符串中的普通字符________输出。第三行输出%5d 的作用是数据占________列输出。

2.
```
#include <stdio.h>
int main()
{
    float a;
    double b;                             //A
```

```
    scanf("%f%lf",&a,&b);                      //B
    printf("%f %lf\n",a,b);                    //C
    printf("a=%6.2f,b=%6.2f\n",a,b);           //D
    printf("a=%-6.2f,b=%-6.2f\n",a,b);         //E
    return 0;
}
```

(1) 编译上述程序后,在输出窗口出现"0 error(s),0 warning(s)",说明此程序________语法错误。

(2) 运行程序,如果使a赋值1.23,b赋值2.34,则在运行窗口输入________,运行结果第一行________,运行结果第二行________________,运行结果第三行________________。

(3) 将运行结果比较,第一行小数点后默认____位小数;第二行占____列输出,____位小数,____对齐____补空格;第三行占____列输出,____位小数,____对齐____补空格。

3.
```
#include <stdio.h>
int main()
{
    char a,b;
    scanf("%c%c",&a,&b);
    printf("a=%c b=%c\n",a,b);
    return 0;
}
```

(1) 编译上述程序后,在输出窗口出现"0 error(s),0 warning(s)",说明此程序________语法错误。

(2) 使a赋值q,b赋值w,则在运行窗口输入q空格w,运行结果________。

(3) 在运行窗口输入qw,则运行结果________________。

(4) 说明连续字符型数据输入时,________加任何分隔符。

三、单项练习

1. 以下的选择中,正确的赋值语句是(　　)。

A. a=1,b=2　　B. j++　　C. a=b=5;　　D. y=int(x);

2. 以下能正确定义且赋初值的语句是(　　)。

A. int n1=n2=10;　　B. char c=32;

C. float f=f+1.1;　　D. double x=12.3E2.5;

3. 设变量定义为"int a, b;",执行下列语句时,输入(　　),则a和b的值都是10。

scanf("a=%d, b=%d",&a, &b);

A. 10 10　　B. 10, 10　　C. a=10　b=10　　D. a=10,b=10

4. 若变量已正确定义,执行语句 scanf("%d,%d,%d",&k1,&k2,&k3);时,(　　)是正确的输入

A. 2030,40　　B. 20 30 40　　C. 20, 30 40　　D. 20,30,40

5. 已知i,j,k为int型变量,若从键盘输入:1,2,3<回车>,使i的值为1,j的值为2,k

的值为 3,以下选项中正确的输入语句是(　　)。

A. scanf("%2d%2d%2d",&i,&j,&k);

B. scanf("%d %d %d",&i,&j,&k);

C. scanf("%d,%d,%d",&i,&j,&k);

D. scanf("i=%d,j=%d,k=%d",&i,&j,&k);

6. 设有定义 int a; float b;,执行 scanf("%2d%f",&a,&b);语句时,若从键盘输入 876　543.0<回车>,a 和 b 的值分别是(　　)。

A. 876 和 543.000000　　B. 87 和 6.000000

C. 87 和 543.000000　　D. 76 和 543.000000

7. 设函数均以正确定义,若是通过 scanf("%d%c%d%c",&a1,&c1,&a2,&c2);语句为变量 a1 和 a2 赋数值 10 和 20,为变量 c1 和 c2 赋数值 X 和 Y,以下所示的输入形式正确的是(　　)。

A. 10 X 20 Y　　B. 10 X20 Y

C. 10 X 回车　20 Y 回车　　D. 10X 回车 20Y 回车

8. 下列语句的输出结果是(　　)。

```
printf("%d\n",(int)(2.5+3.0)/3);
```

A. 有语法错误不能通过编译　　B. 2

C. 1　　D. 0

9. 下列程序的输出结果是(　　)。

```
void main()
{  int a=7,b=5;
   printf("%d\n",b=b/a);
}
```

A. 0　　B. 5　　C. 1　　D. 不确定值

10. 若 k 为 int 型变量,则以下程序段的执行结果是(　　)。

```
k=-8567;  printf("|%06D|\n",k);
```

A. 格式描述符不合法,输出无定值　　B. 输出为|%06D|

C. 输出为|0-8567|　　D. 输出为|-8567|

11. 以下程序的输出结果是(　　)。

```
void main()
{  float x=3.6;
   int i;
   i=(int)x;
   printf("x=%f,i=%d\n",x,i);
}
```

A. x=3.600000,i=4　　B. x=3,i=3

C. x=3.600000,i=3　　D. x=3 i=3.600000

12. 下列程序段的输出结果为(　　)。

```
float k=0.8567;
printf("%06.1f%%",k*100);
```

A. 0085.6%%　　B. 0085.7%　　C. 0085.6%　　D. 857

四、程序练习

1. 修改程序

下面程序中均有2处错误，阅读程序并上机调试，不增加程序代码行，修改程序，使程序能够正确运行。

(1)
```
#include <stdio.h>
int main()
{
    int a,b;
    scanf("%d%d",a,b);
    printf("a=%d,b=%d\n,a,b");
    return 0;
}
```

(2)
```
#include <stdio.h>
int main()
{
    float a;
    double b;
    scanf("%f%f",&a,&b);
    printf("a=%f,b=%f\n",a,b)
    return 0;
}
```

2. 完善程序

下面程序均不完整，阅读程序并上机调试，不增加程序代码行，完善程序，使程序能够正确运行。

(1) 输入三个整数，求三个整数之和。

```
#include <stdio.h>
int main()
{
    int a,b,c,________;
    scanf("%d%d%d",&a,&b,&c);
    sum=________;
    printf("sum=%d\n",sum);
    return 0;
}
```

(2) 从键盘上输入两个整数 x,y，输出 x^y。

```
#include <stdio.h>
```

```
#include <________>
int main()
{
    int x,y;
    double z;
    ________;              //输入两个整数分别赋值给x,y,以逗号分隔
    z=________;
    printf("%lf\n",z);
    return 0;
}
```

3. 编写程序

(1) 从键盘上输入一个三位正整数 n,请编写程序求 n 的各个数位上数字的平方和。

(2) 小明上小学了,第一次考试成绩分别为语文 98,数学 97,英语 85,请编写程序求小明同学三门成绩的总分和平均分。要求:三门课成绩由键盘输入,平均成绩保留两位小数。

(3) 从键盘上输入三角形三条边 a,b,c,请编写程序用海伦公式求三角形面积 area。海伦公式 $area=\sqrt{p(p-a)(p-b)(p-c)}$,其中 p 为半周长,即 $p=(a+b+c)/2$。要求运行结果保留两位小数。

注意:运行程序时,测试数据用三组(1) 3 4 5　(2) 1 1 2　(3) −3 4 5,观察运行结果,想一想为什么?怎么解决?

五、拓展练习

1. 下列程序段的输出结果为(　　)。

```
int x=3,y=2;
printf("%d",(x-=y,x*=y+8/5));
```

A. 1　　B. 7　　C. 3　　D. 5

2. 下列程序段的输出结果为(　　)。

```
float x=213.82631;
printf("%3d",(int)x);
```

A. 213.82　　B. 213.83　　C. 213　　D. 3.8

3. 以下程序的输出结果是(　　)。

```
void main()
{   float x=3.6;
    int i;
    i=(int)x;
    printf("x=%f,i=%d\n",x,i);
}
```

A. x=3.600000,i=4　　B. x=3,i=3

C. x=3.600000,i=3　　D. x=3 i=3.600000

4. 下列程序的输出结果为(　　)。

```
void main()
{   int m=7,n=4;
    float a=38.4,b=6.4,x;
    x=m/2+n*a/b+1/2;
    printf("%f\n",x);
}
```

A. 27.000000　　B. 27.500000

C. 28.000000　　D. 28.500000

5. 以下程序段的执行结果是(　　)。

```
double x;x=218.82631; printf("%-6.2e\n",x);
```

A. 输出为 21.38e+01

B. 输出格式描述符的域宽不够,不能输出

C. 输出为 2.19e+002

D. 输出为-2.14e2

6. 下列程序的输出结果是(　　)。

```
void main()
{   int a=011;
    printf("%d\n",++ a);
}
```

A. 12　　B. 11　　C. 10　　D. 9

7. 有以下程序段:

```
int j;float y;
scanf("%2d%f",&j,&y);
```

当执行上述程序段并从键盘上输入 55566 后,y 的值为(　　)。

A. 55566.0　　B. 566.0　　C. 7777.0　　D. 566777.0

8. 若变量已正确定义为 int 型,要通过语句 scanf("%d,%d,%d",&a,&b,&c);给 a 赋值 1,给 b 赋值 2,给 c 赋值 3,以下输入形式中错误的是(　　)。

(u 代表一个空格)

A. uuu1,2,3<回车>　　B. 1u2u3<回车>

C. 1,uuu2,uuu3　　D. 1,2,3<回车>

9. 有以下程序:

```
void main()
{   int m,n,p;
    scanf("m=%dn=%dp=%d",&m,&n,&p);
    printf("%d%d%d\n",m,n,p);
}
```

若想从键盘上输入数据,使变量 m 中的值为 123,n 中的值为 456,p 中的值为 789,则正确的输入是(　　)。

A. m=123n=456p=789

B. m=123 n=456 p=789

C. m=123,n=456,p=789

D. 123 456 789

10. 设 a,b 都是 int 型变量,若有语句 scanf("a=%d,b=%d",&a,&b);,则执行时输入正确的是(　　)。

A. 23　45

B. 23,45

C. a=23 b=45

D. a=23,b=45

实训四　if 语句

一、知识点巩固

1. 关系运算

C 语言的关系运算符有________________________6 种，优先级________算术运算符，________结合，关系运算成立，结果为________，用________表示，关系运算不成立，结果为________，用________表示。

2. 逻辑运算

逻辑运算符有____________3 种，其中，________优先级高于关系运算符，________优先级低于关系运算符。逻辑运算中________为真，________为假。

3. 写出对应 C 语言表达式

判断 a 是否是大写字母　____________________

判断 a 是否是数字字符　____________________

判断 a 是否能被 5 整除　____________________

10≤x≤20　____________________

x 等于 3　____________________

判断 x 是否是偶数　____________________

3. if 语句

(1) 单分支 if 语句

```
if(条件表达式)
    语句;
```

执行过程：____________________

(2) 双分支 if 语句

```
if(条件表达式)
    语句 1;
else
    语句 2;
```

执行过程：____________________

(3) 多分支 if 语句

```
if(条件表达式 1)
    语句 1；
else if(条件表达式 2)
    语句 2；
else
    语句 3；
```

执行过程：____________________

(4) 不管是单分支，双分支还是多分支，if 语句在语法上理解为______条语句。

(5) 如果分支语句由多条语句组成，应使用______组成复合语句。

二、程序分析

阅读程序并上机调试，回答以下问题。

1.
```
#include <stdio.h>
int main()
{
    int a=2, b=-1, c=2;
    if ( a>b)
        if ( b>0)
            c = 0;          //A
        else
            c +=1;          //B
    printf ( "%d\n", c);    //C
    return 0;
}
```

(1) 阅读程序，首先判断条件 a>b 为________，再判断条件 b>0 为________，执行 else 后 B 行语句，c=________。

(2) 若 a=2，b=1，c=2，首先判断条件 a>b 为________，再判断条件 b>0 为________，执行 A 行语句，c=________。

(3) 若 a=1，b=1，c=2，首先判断条件 a>b 为________，则什么也不执行。执行 if 语句后面 C 行语句，c=________。

(4) 总结：if 语句执行过程与条件有关。

2.
```
#include <stdio.h>
int main()
{
    int x,y;
    scanf("%d",&x);
    if ( x>10)
        y=x+3;              //A
    else
        if(x>5)
```

```
        y=x*x;              //B
        else
        y=-x;               //C
    printf ( "%d\n", y);
    return 0;
}
```

(1) 运行程序,输入5,首先判断条件 x>10 为________,再判断条件 x>5 为________,执行 else 后 C 行语句,y=________。

(2) 运行程序,输入 15,首先判断条件 x>10 为________,执行 A 行语句,y=________。

(3) 运行程序,输入7,首先判断条件 x>10 为________,再判断条件 x>5 为________,执行 B 行语句,y=________。

(4) 总结:选择结构程序运行时需要几组数据进行测试每个分支的运行情况。

三、单项练习

1. 在C语言中,能代表逻辑值“真”的是(　　)。

A. True　　B. 大于0的数　　C. 非0整数　　D. 非0的数

2. 已知 year 为整型变量,不能使表达式(year%4==0&&year%100!=0)||year%400==0 的值为“真”的数据是(　　)。

A. 1990　　B. 1992　　C. 1996　　D. 2000

3. a,b 为整型变量,二者均不为0,以下关系表达式中恒成立的是(　　)。

A. a*b/a*b==1　　B. a/b*b/a==1

C. a/b*b+a%b==a　　D. a/b*b==a

4. 下列各 m 的值中,能使 m%3==2&&m%5==3&&m%7==2 为真的是(　　)。

A. 8　　B. 23　　C. 17　　D. 6

5. 判断 char 型变量 cl 是否为小写字母的正确表达式是(　　)。

A. 'a'<=cl<='z'　　B. (cl>=a)&&(cl<=z)

C. ('a'>=cl)||('z'<=cl)　　D. (cl>='a')&&(cl<='z')

6. 执行下列程序段后,m 的值是(　　)。

```
int w=2,x=3,y=4,z=5,m;
m=(w<x)? w:x;
m=(m<y)? m:y;
m=(m<z)? m:z;
```

A. 4　　B. 3　　C. 5　　D. 2

7. 能正确表示逻辑关系“a≥10 或 a≤0”的C语言表达式是(　　)。

A. a>=10 or a<=0　　B. a>=0 | a<=10

C. a>=10 && a<=0　　D. a>=10 || a<=0

8. 算术运算符、赋值运算符和关系运算符的运算优先级按从高到低的顺序依次为(　　)。

A. 算术运算、赋值运算、关系运算

B. 关系运算、赋值运算、算术运算

C. 算术运算、关系运算、赋值运算

D. 关系运算、算术运算、赋值运算

9. 设 a,b,c,d,m,n 均为 int 型变量,且 a=5,b=6,c=7,d=8,m=2,n=2,则逻辑表达式(m=a>b)&&(n=c>d)运算后,n 的值为(　　)。

A. 0　　B. 1　　C. 2　　D. 3

10. int a=1,b=2,c=3;

```
if(a>b)a=b;
if(a>c)a=c;
```

则 a 的值为(　　)。

A. 1　　B. 2　　C. 3　　D. 不一定

11. 假定所有变量均已正确定义,下列程序段运行后 x 的值是(　　)。

```
k1=1; k2=2; k3=3; x=15;
if(! k1) x--;
else if(k2) x=4;
              else x=3;
```

A. 14　　B. 4　　C. 15　　D. 3

12. 设 int a=1,b=2,c=3;

```
if(a>c)b=a;a=c;c=b;
```

则 c 的值为(　　)。

A. 1　　B. 2　　C. 3　　D. 不一定

13. 有以下程序:

```
void main()
{
    int a=0,b=0,c=0,d=0;
    if(a=1)
    b=1;c=2;
    else d=3;
    printf("%d %d %d %d",a,b,c,d);
}
```

程序输出是(　　)。

A. 0,1,2,0　　B. 0,0,0,3　　C. 1,1,2,0　　D. 编译有错

14. int a=3,b=2,c=1;

```
if(a>b>c)a=b;
else a=c;
```

则 a 的值为(　　)。

A. 3　　B. 2　　C. 1　　D. 0

四、程序练习

1. 修改程序

下面程序中均有 2 处错误，阅读程序并上机调试，不增加程序代码行，修改程序，使程序能够正确运行。

(1) 程序的功能是判断输入一个整数是否是偶数，如果是，输出“该数是偶数”的信息，否则输出“该数是奇数”的信息。

```
#include <stdio.h>
int main()
{
    int x;
    scanf("%d",&x);
    if(x%2=0)
        printf("%d 是偶数\n",x);
    else;
        printf("%d 是奇数\n",x);
    return 0;
}
```

(2) 程序的功能是求分段函数 y 的值，x 的值由键盘输入，运行结果保留两位小数。

$$y=\begin{cases}|x| & x<0\\ 2x+5 & 0\leqslant x\leqslant 10\\ \sqrt{x} & x>10\end{cases}$$

```
#include <stdio.h>
#include <math.h>
int main()
{
    double x,y;
    scanf("%d",&x);
    if(x<0)
        y=fabs(x);
    else
        if(0<=x<=10)
        y=2*x+5;
        else
        y=sqrt(x);
    printf("y=%.2f\n",y);
    return 0;
}
```

2. 完善程序

下面程序均不完整，阅读程序并上机调试，不增加程序代码行，完善程序，使程序能够正确运行。

(1) 从键盘输入一个整数，如果>0，则输出“正数”；如果<0，则输出“负数”；如果＝0，则输出“既不是正数也不是负数”。

```
#include <stdio.h>
int main()
{
    ________;
    scanf("%d",&x);
    if(x>0)
        printf("%d是正数\n",x);
    ________
        printf("%d既不是正数也不是负数\n",x);
    if(x<0)
        printf("%d是负数\n",x);
    return 0;
}
```

(2) 输入一个字符，判断它是否为大写字母，如果是，将它转换为小写字母；如果不是，不转换。输出字符。

```
#include <stdio.h>
int main()
{
    char ch;
    scanf("%c",&ch);
    if(ch>='A' ____ch<='Z')
        ch=ch ____;
    printf("ch=%c\n",ch);
    return 0;
}
```

3. 编写程序

(1) 从键盘输入年份 year，编写程序判断 year 是否是闰年；若是，输出“是闰年”；否则，输出“不是闰年”。判断闰年的条件满足下列条件之一即可：① 能被 4 整除但不能被 100 整除；② 能被 400 整除。

(2) 从键盘上输入一个字符，编写程序判断该字符是数字字符、大写字母、小写字母、空格还是其他字符。

(3) 从键盘上输入一个三位整数，编写程序判断该数是否是水仙花数。水仙花数的各位数字的立方之和等于本身。

(4) 从键盘上输入期末考试成绩 score，编写程序输出该成绩的等级。已知 90≤score

≤100,等级为“优秀”;80≤score<90 等级为“良好”;70≤score<80 等级为“中等”;60≤score<70 等级为“及格”;score<60 等级为“不及格”。

五、拓展练习

1. 若变量已正确定义,有以下程序段:

```
int a=3,b=5,c=7;
if(a>b) a=b;
c=a;
if(c! =a) c=b;
printf("%d,%d,%d\n",a,b,c);
```

其输出结果是(　　)。

A. 程序段有语法错　B. 3,5,3　　C. 3,5,5　　D. 3,5,7

2. 有以下程序:

```
void main()
{
    int a=0,b=0,c=0,d=0;
    if(a==1) b=1;c=2;
    else d=3;
    printf("%d,%d,%d,%d\n",a,b,c,d);
}
```

程序输出结果(　　)。

A. 0,1,2,0　　B. 0,0,0,3　　C. 1,1,2,0　　D. 编译有错

3. 下列条件语句中,功能与其他语句不同的是(　　)。

```
A. if(a) printf("%d\n",x);
else printf("%d\n",y);
B. if(a==0) printf("%d\n",y);
else printf("%d\n",x);
C. if (a! =0) printf("%d\n",x);
else printf("%d\n",y);
D. if(a==0) printf("%d\n",x);
else printf("%d\n",y);
```

4. 有以下程序:

```
#include <stdio.h>
void main()
{
    int x=1,y=2,z =3;
    if(x>y)
        if(y<z) printf("%d",++ z);
        else printf("%d",++ y);
    printf("%d\n",x ++);
```

```
}
```

程序运行的结果是(　　)。

A. 3 3 1　　B. 4 1　　C. 2　　D. 1

5. 有以下程序段:

```
int a,b,c;
a=10;b=50;c=30;
if(a>b) a=b;
c=a;
printf("a=%d b=%d c=%d",a,b,c);
```

程序的输出结果是(　　)。

A. a=10 b=50 c=10　　B. a=10 b=50 c=30

C. a=10 b=30 c=10　　D. a=10 b=30 c=50

6. 以下程序的输出结果是(　　)。

```
void main()
{
    int x= 2,y=-1,z=2;
    if (x<y)
        if(y<0) z=0;
        else z+=1;
    printf("%d\n",z);
}
```

A. 3　　B. 2　　C. 1　　D. 0

7. 以下程序的输出结果是(　　)。

```
void main()
{   int a=100,x =10,y=20,okl=5,ok2=0;
   if (x<y)
         if(y! =10)
               if(! okl) a=1;
               else
                     if(ok2) a=10;
   a=-1;
   printf( "%d\n",a );
}
```

A. 1　　B. 0　　C. -1　　D. 值不确定

8. 当 a=1,b=3,c=5,d=4,执行完下面一段程序后 x 的值是(　　)。

```
if(a<b)
    if(c<d) x=1;
    else
        if(a<c)
            if(b<d) x=2;
            else x= 3;
        else x=6;
```

```
else x=7;
```

A. 1　　B. 2　　C. 3　　D. 0

9. 请阅读以下程序：

```
void main()
{  int a=5,b=0,c=0;
      if(a=b+c)      printf("***\n  ");
      else           printf("$$$\n");
}
```

程序运行结果是(　　)。

A. 有语法错不能通过编译

B. 可以通过编译但不能通过连接

C. 输出 ***

D. 输出 $$$

10. 以下不正确的 if 语句形式是(　　)。

A. if(x>y&&x! =y);

B. if(x==y) x+=y;

C. if(x<y) {x ++;y ++;}

D. if(x! =y) scanf("%d",&x) else scanf("%d",&y);

11. 程序填空

输入一个学生的生日(年:y0,月:m0,日:d0),并输入当前日期(年:y1,月:m1,日:d1),求出该学生的年龄(实足年龄)。

```
#include <stdio.h>
void main()
{  int age,y0,y1,m0,m1,d0,d1;
   printf("输入生日日期(年,月,日)");
   ________("%d,%d,%d",&y0,&m0,&d0);
   printf("输入当前日期(年,月,日)");
   scanf("%d,%d,%d",&y1,&m1,&d1);
   age=y1-y0;
   if(m0>m1)________;
   if((m0________m1)&&(d0>d1))age--;
   printf("age=%3d",age);
}
```

12. 程序改错

功能：给一个不多于 5 位的正整数。

要求：

(1) 求它是几位数。

(2) 逆序打印出各位数字。

```
#include <stdio.h>
void main( )
{
```

```
    long a,b,c,d,e,x;
/ ********** FOUND ********** /
    scanf("%d",&x);
    a=x/10000;
    b=x%10000/1000;
    c=x%1000/100;
    d=x%100/10;
    e=x%10;
/ ********** FOUND ********** /
    if (a==0)
        printf("there are 5, %ld %ld %ld %ld %ld\n",e,d,c,b,a);
    else if (b! =0)
        printf("there are 4, %ld %ld %ld %ld\n",e,d,c,b);
    else if (c! =0)
        printf(" there are 3,%ld %ld %ld\n",e,d,c);
    else if (d! =0)
        printf("there are 2, %ld %ld\n",e,d);
    else if (e! =0)
        printf(" there are 1,%ld\n",e);
}
```

13. 程序改错

功能：一个 5 位数，判断它是不是回文数。例如，12321 是回文数，个位与万位相同，十位与千位相同。

```
#include <stdio.h>
void main( )
{
    / ********** FOUND ********** /
        long ge,shi,qian;wan,x;
        scanf("%ld",&x);
    / ********** FOUND ********** /
        wan=x%10000;
        qian=x%10000/1000;
        shi=x%100/10;
        ge=x%10;
    / ********** FOUND ********** /
    if (ge==wan||shi==qian)
        printf("this number is a huiwen\n");
    else
        printf("this number is not a huiwen\n");
}
```

14. 某用人单位，按工龄发奖金：工龄≥20 年，奖金 10000 元；20 年>工龄≥15 年；奖金 8000 元，15 年>工龄≥10 年，奖金 5000 元；10 年>工龄≥5 年，奖金 3000 元；工龄不足 5

年，奖金 1000 元。请编写程序，输入工龄，计算应发奖金。

15. 从键盘输入 x，编写程序求分段函数 y 的值。

$$y=\begin{cases}-1 & x<0\\0 & x=0\\1 & x>0\end{cases}$$

16. 输入三角形三条边，首先判断是否能构成三角形，如果能，进一步用勾股定理判断是否是直角三角形，如果是，输出“是直角三角形”，否则，输出“不是直角三角形”；如果不能构成三角形，输出“不能构成三角形”。

实训五　switch 语句

一、知识点巩固

switch 语句的语法格式：

```
switch(表达式)
{
    case ____:语句序列 1;
    case ____:语句序列 2;
    ......
    case ________:语句序列 n;
    default:语句序列 n+1;
}
```

1. 执行过程：首先计算 switch 后面表达式的值，然后与各 case 分支的________进行匹配，与哪个________相等，就从该分支的语句序列开始执行，直到遇到________或者 switch 语句的右括号。如果与所有 case________都不匹配，执行________后面的语句序列。

2. switch 后面的表达式必须是________、________或者枚举类型，不允许是实型。

3. case 后面必须是________，且类型应与 switch 后的表达式类型相同。

二、程序分析

阅读程序并上机调试，回答以下问题。

1.
```
#include <stdio.h>
void main()
{
    int a;
    printf("欢迎使用自助系统\n1:存钱 \n2:取钱 \n3:查询余额 \n4:退出\n 请输入你要选择的操作:\n");
    scanf("%d",&a);
    switch(a)
    {
        case 1: printf("1:存钱\n"); break;
        case 2: printf("2:取钱\n"); break;
        case 3: printf("3:查询余额\n"); break;
        case 4: printf("4:退出\n"); break;
        default: printf("输入有误\n");
```

```
    }
}
```

(1) 运行程序,输入 1,则执行 case ____后面的语句,输出___________。遇到______语句,停止执行 switch 语句。

(2) 运行程序,输入 2,则执行 case ____后面的语句,输出___________。遇到______语句,停止执行 switch 语句。

(3) 运行程序,输入 3,则执行 case ____后面的语句,输出___________。遇到______语句,停止执行 switch 语句。

(4) 运行程序,输入 4,则执行 case ____后面的语句,输出___________。遇到______,停止执行 switch 语句。

(5) 运行程序,输入 5,则执行____后面的语句,输出___________。遇到______,停止执行 switch 语句。

(6) 若删除所有 break 语句,则输入 1,运行结果________。

总结:switch 多用于菜单程序上,与 break 语句结合才能实现真正的分支。

2.
```
#include <stdio.h>
void main()
{   int x=1,y=0,a=0,b=0;
    switch(x)
    {   case 1: switch(y)
            {   case 0:a ++;  break;
                case 1:b ++;  break;
            }
        case 2:a ++; b ++; break;
        case 3:a ++; b ++;
    }
    printf("a=%d,b=%d\n",a,b);
}
```

(1) 运行程序,x=1,则执行 case ________后面的语句,y=0,执行 case ________后面的语句 a=________。遇到________语句,停止执行________(内/外)层 switch 语句。继续执行 case ________后面的语句,a=________,b=________。遇到________语句停止 switch。

总结:这是一个多层嵌套 switch 语句。遇到 break 语句,break 语句在哪层就退出哪层 switch。

三、单项练习

1. C 语言中,switch 后的括号内表达式的值可以是(　　)。

A. 只能为整型　　B. 只能为整型、字符型、枚举型

C. 只能为整型和字符型　　D. 任何类型

2. void main()

```
{  int x=1,a=0,b=0;
   switch(x)
   {  case 0: b++;
      case 1: a++;
      case 2: a++;b++;
   }
   printf("a=%d,b=%d",a,b);
}
```

该程序的输出结果是(　　)。

A. a=2,b=1　　B. a=1,b=1　　C. a=1,b=0　　D. a=2,b=2

3. 若有定义 float x=1.5;int a=1,b=3,c=2;,则正确的 switch 语句是(　　)。

A.
```
switch(x)
   {  case 1.0:printf("*\n");
      case 2.0:printf("**\n");
   }
```

B.
```
switch((int)x);
   {  case 1:printf("*\n");
      case 2:printf("**\n");
   }
```

C.
```
switch(a+b)
   {  case 1: printf("*\n");
      case 2+1:printf("**\n");
   }
```

D.
```
switch(a+b)
   {  case 1:printf("*\n");
      case c:printf("**\n");
   }
```

4. 以下程序的运行结果是(　　)。

```
#include <stdio.h>
void main()
{  int x=1,y=0,a=0,b=0;
   switch(x)
   {  case 1:
      case 2: a++; b++; break;
      case 3: a++; b++;
   }
   printf("a=%d,b=%d\n",a,b);
}
```

A. a=2,b=1　　B. a=1,b=0　　C. a=1,b=1　　D. a=3,b=3

5. 以下程序的输出结果是(　　)。

```
void main()
{
   int a=2;
   switch(a)
   {
      case 1: printf("1");  break;
      case 2: printf("2");  break;
      default: printf("3");  break;
   }
}
```

A. 1　　B. 23　　C. 2　　D. 3

四、程序练习

1. 修改程序

下面程序中均有2处错误,阅读程序并上机调试,不增加程序代码行,修改程序,使程序能够正确运行。

(1) 输入计算式如3+2,输出运算结果3+2=5。

```
#include <stdio.h>
int main()
{
    char ch;
    int x,y;
    scanf("%d%c%d",&x,&ch,&y);
    switch(ch)
    {
        case '+':printf("%d%c%d=%d\n",x,ch,y,x+y);
        case '-':printf("%d%c%d=%d\n",x,ch,y,x-y);break;
        case '*':printf("%d%c%d=%d\n",x,ch,y,x*y);break;
        case '/':printf("%d%c%d=%.2f\n",x,ch,y,x*1.0/y);
                                                    //1.0改变表达式的类型为double
        break;
        default:printf("输入错误的运算式\n");
    }
    return 0;
}
```

思考:本程序并没有考虑除数为零的情况,如果需要考虑除数为零,源程序如何修改?

(2) 输入x的值,根据函数关系计算相应的y值。

x	y
x<0	0
0≤x<10	x
10≤x<20	10
20≤x<40	−5x+20
x≥40	x^2

```
#include <stdio.h>
int main()
{
    int x,y,a;
    scanf("%d",&x);
    if(x<0)
        a=-1;
```

```
    else
        a=x/10
    switch(a)
    {
        case -1:y=0; break;             //处理 x<0
        case 0:y=x; break;              //处理 0≤x<10
        case 1:y=10; break;             //处理 10≤x<20
        case 2:
        case 3:y=-5*x+10; break;        //处理 20≤x<40
        default:y=x*x;                  //处理 x≥40
    }
    printf("x=%d,y=%d\n",x,y);
    return 0;
}
```

2. 完善程序

下面程序均不完整,阅读程序并上机调试,不增加程序代码行,完善程序,使程序能够正确运行。

(1) 从键盘上输入期末考试成绩 score,编写程序输出该成绩的等级。已知 90≤score≤100,等级为“优秀”;80≤score<90,等级为“良好”;70≤score<80,等级为“中等”;60≤score<70,等级为“及格”;score<60,等级为“不及格”。

```
#include <stdio.h>
int main()
{
    int score;
    scanf("%d",&score);
    switch(______)
    {  case 10:
       case 9:printf("优秀\n"); break;
       case 8:printf("良好\n"); break;
       case 7:printf("中等\n"); break;
       case 6:printf("及格\n"); break;
       ______:printf("不及格\n");
    }
    return 0;
}
```

(2) 输入一个整数,编写程序,输入数字 1~7 中的任意数字,输出对应的星期,如:输入 1,输出“星期一”,输入 2,输出“星期二”,以此类推。

```
#include <stdio.h>
int main()
{
    int weekday;
```

```
    scanf("%d",&weekday);
    switch(________)
    {   case 1:printf("星期一\n"); break;
        case 2:____________________
        case 3:printf("星期三\n"); break;
        case 4:printf("星期四\n"); break;
        case 5:printf("星期五\n"); break;
        case 6:printf("星期六\n"); break;
        case 7:printf("星期日\n"); break;
        default:printf("输入错误\n");
    }
    return 0;
}
```

3. 编写程序

(1) 编写程序计算某年某月有多少天,2 月需要根据是否是闰年判断天数。

(2) 用 switch 语句编写如下菜单程序:

欢迎致电中国电信

1:安装宽带

2:话费查询

3:故障报修

4:5G 套餐查询

5:投诉建议

6:返回

五、拓展练习

1. 有以下程序:

```
#include <stdio.h>
void main()
{   int x=1,y=0,a=0,b=0;
    switch(x)
    {   case 1: switch(y)
                {   case 0:a++; break;
                    case 1:b++; break;
                }
        case 2:a++; b++; break;
        case 3:a++; b++;
    }
    printf("a=%d,b=%d\n",a,b);
}
```

程序的运行结果是(　　)。

A. a=1,b=0　　B. a=2,b=2　　C. a=1,b=1　　D. a=2,b=1

2. 有以下程序：

```
void main()
{  int a=15,b=21,m=0;
   switch(a%3)
   {  case 0:m ++; break;
      case 1:m ++;
            switch(b%2)
            {  default:m ++;
               case 0:m ++; break;
            }
   }
   printf("%d\n",m);
}
```

程序运行后的输出结果是(　　)。

A. 1　　B. 2　　C. 3　　D. 4

3. 以下程序输出结果(　　)。

```
#include <stdio.h>
void main()
{  int a=2,b=7,c=5;
   switch(a>0)
   {
      case 1: switch(b<0)
              {  case 1: printf("@"); break;
                 case 2: printf("!"); break;
              }
      case 0: switch(c==5)
              {  case 0: printf("*"); break;
                 case 1: printf("#"); break;
                 case 2: printf("$"); break;
              }
      default:printf("&");
   }
   printf("\n");
}
```

A. #&　　B. *#$　　C. @$　　D. @#$

4. 用 switch 语句编写程序，判断现在是哪个季节。已知 3,4,5 为春季，6,7,8 为夏季，9,10,11 为秋季，12,1,2 为冬季。

实训六　while 语句 do ... while 语句

一、知识点巩固

1. while 语句的语法格式：

```
while(表达式)
{
    语句；
}
```

具体执行过程：计算表达式的值。若为真，则执行语句即循环体，否则退出循环，执行 while 语句的下一条语句。

其中，表达式即________，可以是任何合法的 C 语言表达式。若表达式为________，执行循环；若表达式为假，________循环。

语句即________，是需要重复执行的语句，如果语句不止一条，需要加________。使之成为复合语句。

2. do ... while 语句的语法格式：

```
do
{
    语句；
} while(表达式)；
```

具体执行过程：执行语句；计算表达式的值。若为真，则执行语句即循环体；否则退出循环，执行 do ... while 语句的下一条语句。

其中，表达式即循环条件，可以是任何合法的 C 语言表达式。若表达式为____，执行循环；若表达式为____，结束循环。

语句即________，是需要重复执行的语句，如果语句不止一条，需要加大括号，使之成为________。

二、程序分析

阅读程序并上机调试，回答以下问题。

1.
```
#include <stdio.h>
int main()
{   int a=1; b=2; c=2;
    while(a<b<c)
    {   t=a;a=b;b=t;
```

```
        c--;
    }
    printf("%d,%d,%d",a,b,c);
    return 0;
}
```

(1) 程序的循环体是________,循环条件是________。

(2) 执行程序跟踪变量值,请填下表。

a<b<c	t=a	a=b	b=t	c--
1	1	2	1	1
________	________	________	________	________
________				

(3) 循环共执行________次,运行结果是________。

2. #include <stdio.h>

```
int main()
{   int n=10;
    while(n>7)
    {   n--;
        printf("%d",n);
    }
    return 0;
}
```

(1) 程序的循环体是________,循环条件是________。

(2) 执行程序跟踪变量值,请填下表。

n>7	n--	printf("%d",n);
1	9	9
1	________	________
1	________	________
________		

(3) 循环共执行________次,运行结果是________。

三、单项练习

1. 在C语言中,为了结束由while语句构成的循环,while后一对圆括号中表达式的值应该为( )。

A. 0 B. 1 C. True D. 非0

2. 设j和k都是int类型,则for循环语句( )。

```
for(j=0,k=-1;k=1;j++,k++) printf("****\n");
```

A. 循环结束的条件不合法　　　　　　B. 是无限循环

C. 循环体一次也不执行　　　　　　　D. 循环体只执行一次

3. C语言中 while 和 do ... while 循环的主要区别是(　　)。

A. do ... while 的循环体至少无条件执行一次

B. while 的循环控制条件比 do ... while 的循环控制条件更严格

C. do ... while 允许从外部转到循环体内

D. do ... while 的循环体不能是复合语句

4. 有以下程序段：

```
int n=0,p;
do
{
    scanf("%d",&p);
    n++;
}while(p! =12345&&n<3);
```

此处 do ... while 循环的结束条件是(　　)。

A. p 的值不等于 12345,并且 n 的值小于 3

B. p 的值等于 12345,并且 n 的值大于等于 3

C. p 的值不等于 12345,或者 n 的值小于 3

D. p 的值等于 12345,或者 n 的值大于等于 3

5. 设有程序段：

```
int k=10;
while (k=0) k=k-1;
```

则下面描述中正确的是(　　)。

A. while 循环执行 10 次　　　　　　B. 循环是无限循环

C. 循环体语句一次也不执行　　　　D. 循环体语句执行一次

6. 求一个千位数每一位数字的平方和,则下划线处应填入的是(　　)。

```
#include <stdio.h>
int main()
{
    int n,sum=0;
    n=2345;
    do
    {
        sum=sum+(n%10)*(n%10)};
        n=______;
    }while(n);
    printf("sum=%d",sum);
    return 0;
}
```

A. n/1000　　　　B. n/100　　　　C. n/10　　　　D. n%10

7. 下面程序段的运行结果是(　　)。

```
n=0;
while(n<=2) n++;
printf("%d",n);
```

A. 2　　B. 3　　C. 4　　D. 有语法错

8. 以下程序的运行结果是(　　)。

```
int main()
{
    int i=1,sum=0;
    while(i<10)
        sum=sum+i;
    i++;
    printf("i=%d,sum=%d",i,sum);
    return 0;
}
```

A. i=10,sum=9　　B. i=9,sum=9

C. i=2,sum=1　　D. 运行出现错误

9. 设变量已正确定义,以下不能统计出一行中输入字符个数(不包含回车符)的程序段是(　　)。

A. n=0;while((ch=getchar())! ='\n')n ++;

B. n=0;while(getchar()! ='\n') n ++;

C. for (n=0;getchar()! ='\n';n ++);

D. n=0;for (ch=getchar()! ='\n';n ++);

10. 下面程序的功能是在输入的一批正整数中求出最大者,输入 0 结束循环,则下划线处应填入的是(　　)。

```
#include <stdio.h>
int main()
{  int a,max=0;
   scanf("%d",&a);
   while(________)
   {  if( max<a )
           max=a;
      scanf("%d",&a);
   }
   printf("%d\n",max);
   return 0;
}
```

A. a==0　　B. a　　C. !a = = 1　　D. !a

四、程序练习

1. 修改程序

下面程序中均有 2 处错误，阅读程序并上机调试，不增加程序代码行，修改程序，使程序能够正确运行。

(1) 功能：输入一行字符，以换行符结束，分别统计出其中英文字母、空格、数字和其他字符的个数。

例如，输入：qwe123 ASD+－*# wer

输出：char=9 space=2 digit=3 others=4

```
#include <stdio.h>
void main()
{
    char c;
    int letters=0,space=0,digit=0,others=0;
    printf("please input some characters\n");
    while(c=getchar()=='\n')
    {
        if(c>='a'&&c<='z'||c>='A'&&c<='Z')
            letters ++;
        else if(c==' ')
            space ++;
        else if(c>=0&&c<=9)
            digit ++;
        else
            others ++;
    }
    printf("char=%d space=%d digit=%d others=%d\n",letters,space,digit,others);
}
```

(2) 下面程序的功能是将从键盘输入的一对数，由小到大排序输出，当输入一对相等数时结束循环。

```
#include <stdio.h>
int main()
{ int a,b,t;
  scanf("%d%d",&a,&b);
  while(a==b)
  { if(a>b)
     { t=a;b=a;b=t;}
    printf("%d,%d",a,b);
    scanf("%d%d",&a,&b);
```

```
    }
    return 0;
}
```

2. 完善程序

下面程序均不完整，阅读程序并上机调试，不增加程序代码行，完善程序，使程序能够正确运行。

(1) 从键盘输入两个数，求这两个数的最大公约数。

分析：用"碾转相除法"计算两个整数 m 和 n 的最大公约数。

该方法的基本思想是：计算 m 和 n 相除的余数，如果余数为 0，则循环结束，此时的除数就是最大公约数；否则，将除数作为新的被除数，余数作为新的除数，继续计算 m 和 n 相除的余数，判断余数是否为 0，继续上述操作直到余数为 0 为止。

```
#include <stdio.h>
int main ( )
{   int m,n,w;
    scanf("%d,%d",&m,&n);
    while (n)
    {
        w=________;
        m=n;
        n=w;
    }
    printf("最大公约数为:%d",________);
    return 0;
}
```

(2) 功能：输入一组非零整数，求平均值，用零作为终止标记。

例如：输入 12 23 －25 41 65 －4 －11 0　均值：14.43

```
#include <stdio.h>
void main()
{
    int x,i=0;
    float s=0,avl;
    scanf("%d",&x);
    while(______)
    {
        sl=sl+x;
        i++;
        ________;
    }
    if(i!=0)              //考虑除数不为 0
        avl=s/i;
    else                  //考虑除数为 0
```

```
        avl=0;
    printf("均值:%7.2f\n",avl);
}
```

3. 编写程序

(1) 输入若干个字符以回车符结束,编写程序统计输入字符的个数。

(2) 输入一组非零整数(以零终止输入),编写程序分别计算其中偶数和奇数的平均值。运行结果保留两位小数。

(3) 编写程序求 Fibonacci 数列的前 20 项,并以每行 5 个数输出。

五、拓展练习

1. 下面程序的功能是从键盘输入的一组字符中统计出大写字母的个数 m 和小写字母的个数 n,并输出 m,n 中的较大者,则下划线处应填入的是(　　)。

```
#include <stdio.h>
int main()
{  int m=0,n=0;
   char c;
   while((______)! ='\n')
   {  if(c>='A'&&c<='Z')
            m++;
      if(c>='a'&&c<='z')
            n++;
   }
   printf("%d\n",m<n? n:m);
   return 0;
}
```

A. c=scanf("%c",&c)　　　　B. getchar()

C. c=getchar()　　　　D. scanf("%c",c)

2. 下面程序的功能是将小写字母变成对应大写字母,则下划线处应填入的是(　　)。

```
#include <stdio.h>
int main()
{  char c;
   while((c=getchar())! ='\n')
   {
        if(c>='a'&&c<='z')
              ________;
        printf("%c",c);
   }
   return 0;
}
```

A. c=c+30　　B. c+=32　　C. c-=32　　D. c=c+32

3. 下面程序是从键盘输入学号，然后输出学号中百位数字是 3 的学号，输入 0 时结束循环，则下划线处应填入的是(　　)。

```
#include <stdio.h>
int main()
{   long int num;
    scanf("%ld",&num);
    do
    {   if(________)
            printf("%ld",num);
        scanf("%ld",&num);
    }while(num!=0);
    return 0;
}
```

A. num&&num%100　　B. num!=0&&num/100%10==3

C. !num==0　　D. !num!=0

4. 下面程序的功能是把 316 表示为两个加数的和，使两个加数分别能被 13 和 11 整除，则下划线处应填入的是(　　)。

```
#include <stdio.h>
void main()
{
    int i=0,j,k;
    do
    {
        i++;
        k=316-13*i;
    }while(______);
    j=k/11;
    printf("316=13*%d+11*%d",i,j);
}
```

A. k/11　　B. k%11　　C. k/11==0　　D. k%11==0

5. 若运行以下程序时，从键盘输入 ADescriptor<CR>(CR)表示回车)，则下面程序的运行结果是(　　)。

```
#include <stdio.h>
int main()
{   char c;
    int v0=0,v1=0,v2=0;
    do{
        switch(c=getchar())
        {   case 'a':case 'A':
            case 'e':case 'E':
            case 'i':case 'I':
```

```
            case 'o':case 'O':
            case 'u':case 'U':v1+=1;
            default:v0+=1;v2+=1;
        }
    }while(c! ='\n');
    printf("v0=%d,v1=%d,v2=%d\n",v0,v1,v2);
    return 0;
}
```

A. v0=7,v1=4,v2=7　　B. v0=8,v1=4,v2=8

C. v0= 11,v1=4,v2=11　　D. v0=12,vl=4,v2=12

6. 有以下程序:

```
int main()
{   int k=5,n=0;
    while(k>0)
    {   switch(k)
        {   default:break;
            case 1: n+=k;
            case 2:
            case 3: n+=k;
        }
        k--;
    }
    printf("%d\n",n);
    return 0;
}
```

程序运行后的输出结果是(　　)。

A. 0　　B. 4　　C. 6　　D. 7

7. 程序填空:一个自然数被8除余1,所得的商被8除也余1,再将第二次的商被8除后余7,最后得到一个商为a。又知这个自然数被17除余4,所得的商被17除余15,最后得到一个商是a的2倍。编写程序求这个自然数。

```
#include <stdio.h>
void main( )
{
    int i,n,a;
    i=0;
    while(1)
    {
        if(i%8==1)
        {   n=i/8;
            if(n%8==1)
            {
                n=n/8;
```

```
                if(n%8==7) ________;
            }
        }
        if(i%17==4)
        {   n=i/17;
            if(n%17==15)
                n=n/17;
        }
        if(2*a==n)
        {   printf("result=%d\n",i);
            __________;
        }
            ________;
        }
}
```

8. 编写程序，用公式 $\pi/4=1-1/3+1/5-1/7+\ldots$ 求 π 的近似值，直到最后一项的绝对值小于指定的 num，num 由键盘输入。

9. 编写程序，求一组数据的最大值，数据由键盘输入以零结束。

10. 编写程序，求出 n 以内的奇数和，n 由键盘输入。

实训七　for 语句

一、知识点巩固

for 循环的语法格式：

for(表达式 1;表达式 2;表达式 3)

语句

执行过程：

(1) 计算________的值。

(2) 计算________的值。若为真，则转步骤(3)；否则退出循环，执行 for 的下一条语句。

(3) 执行语句块，即________。

(4) 计算________的值，然后转步骤(2)。

在 for 语句中，表达式 1、表达式 2、表达式 3 均可以省略。当表达式 2 省略时，默认其为________。

二、程序分析

阅读程序并上机调试，回答以下问题。

1.
```
#include <stdio.h>
int main()
{
    int a,b=2;
    for(a=1;a<8;a ++)
    {   b+=a;
        a+=2;
    }
    printf("a=%d,b=%d\n",a,b);
    return 0;
}
```

(1) 循环体是________，循环条件是________。

(2) 执行程序，跟踪变量的值。

a<8	b+=a a+=2	a++
1	3 ____	4
1	7 6	____
1	____ ____	10
0		

2.
```
#include <stdio.h>
int main()
{
    char b,c;
    int i;
    b='a';
    c='A';
    for(i=0;i<6;i++)
    {   if(i%2)   putchar(i+b);
        else  putchar(i+c);
    }
    printf("\n");
    return 0;
}
```
(1) 循环体是________,循环条件是________。

(2) 执行程序,跟踪变量的值。

i<6	if(i%2)putchar(i+b);	elseputchar(i+c);	i++
1		A	1
1	______		2
1		C	3
1	d		4
1		______	5
1	______		6
0			

3.
```
#include <stdio.h>
int main()
{
    int i,j;
    for(i=0;i<3;i++)                          //A
        for(j=1;j<5;j++)                      //B
            printf("%d+%d=%d\n",i,j,i+j);     //C
    return 0;
```

```
}
```

(1) 外循环的循环变量是________，内层循环的循环变量是________，循环体语句是________。

(2) 当i的值取0时，内循环变量的初值和终值分别________，即外循环变量改变一次，内循环变量要循环________次。

(3) C行语句共循环执行多少次。退出循环后i，j分别是________。

(4) 程序运行后输出________行，分别是________。

4.
```
#include <stdio.h>
int main()
{
    int i,j;
    for(i=0;i<3;i++)                              //A
        for(j=i;j<5;j++)                          //B
            printf("%d+%d=%d\n",i,j,i+j);         //C
    return 0;
}
```

(1) 外循环的循环变量是________，内层循环的循环变量是________，循环体语句是________。

(2) 当i的值取0时，内循环变量的初值和终值分别________。当i的值取1时，内循环变量的初值和终值分别________。当i的值取2时，内循环变量的初值和终值分别________。因此，内循环的循环次数和外循环变量的取值______（有没有）关系。

(3) C行语句共循环执行多少次。退出循环后i，j分别是________。

(4) 程序运行后输出______行，分别是____________。

总结：通过两个双重循环的例子可以看出，外循环的变量变化的________（快/慢），内循环的变量变化的________（快/慢）。外循环执行一次，内循环全部要执行完。

三、单项练习

1. 若int i，s=0；则以下代码块执行后s的结果是（　　）。

```
for(i=1;i<=100;i++)
    s=s+1/i;
```

A. 1

B. 1/1+1/2+…+1/100级数的和

C. 1/1−1/2+…−1/100级数的和

D. 5.187378

2. 以下程序的输出结果是（　　）。

```
void main()
{  int a=0,i;
   for(i=1;i<5;i++)
   {  switch(i)
```

```
        {  case 0:
        case 3:a+=2;
        case 1:
        case 2:a+=3;
        default:a+=5;
        }
    }
    printf("%d\n",a);
}
```

A. 31　　B. 13　　C. 10　　D. 20

3. 有以下程序：

```
void main( )
{  int i,s=0;
   for(i=1;i<10;i+=2)
       s+=i+1;
   printf("%d\n",s);
}
```

程序执行后的输出结果是(　　)。

A. 自然数 1～9 的累加和　　B. 自然数 1～10 的累加和

C. 自然数 1～9 中的奇数之和　　D. 自然数 1～10 中的偶数之和

4. 有以下程序：

```
void main()
{  int i;
   for(i=0;i<3;i++)
   switch(i)
   {  case 0:printf("%d",i);
      case 2:printf("%d",i);
      default:printf("%d",i);
   }
}
```

程序运行后的输出结果是(　　)。

A. 022111　　B. 21021　　C. 000122　　D. 00012

5. 有以下程序：

```
#include <stdio.h>
void main ()
{  int i;
   for(i=0;i<5;i++)
       putchar('9'-i);
   printf("\n");
}
```

程序运行后的输出结果是(　　)。

A. 54321　　B. 98765　　C. '43210'　　D. '9' '8' '7' '6' '5

6. 有以下程序：

```
#include <stdio.h>
void main()
{
    int i,j;
    for(i=3;i>=1;i--)
    {  for(j=1; j<=2;j++)
           printf("%d ", i+j);
       printf("\n");
       }
}
```

程序运行的结果是(　　)。

A. 2 3 4
　 3 4 5

B. 4 3 2
　 5 4 3

C. 2 3
　 3 4
　 4 5

D. 4 5
　 3 4
　 2 3

7. 以下程序的功能是按顺序读入 10 名学生 4 门课程的成绩，计算出每位学生的平均分并输出，程序如下：

```
void main()
{  int n,k;
   float score,sum,ave;
   sum=0.0;
   for(n=1;n<=10;n++)
   {
       for(k=1;k<=4;k++)
       {
           scanf("%f",&score);
           sum+=score;
       }
       ave=sum/4.0;
       printf("NO%%f\n",n,ave);
   }
}
```

上述程序运行后结果不正确，调试中发现有一条语句出现在程序中的位置不正确，这条语句是(　　)。

A. sum=0.0;　　B. sum+=score;

C. ave=sum/4.0;　　D. printf("NO%%f\n",n,ave);

8. 以下叙述中正确的是(　　)。

A. break 语句只能用于 switch 语句体中

B. continue语句的作用是使程序的执行流程跳出包含它的所有循环

C. break语句只能用在循环体内和switch语句体内

D. 在循环体内使用break语句和continue语句的作用相同

9. 有以下程序：

```
#include <stdio.h>
void main ()
{   int i,data;
    scanf("%d",&data);
    for(i=0;i<5;i ++)
    {   if(i>data) break;
        printf ("%d,",i);
    }
    printf("\n");
}
```

程序运行时，从键盘输入3<回车>后，程序输出结果为(　　)。

A. 0,1,　　B. 3,4,　　C. 3,4,5,　　D. 0,1,2,3,

10. 有以下程序：

```
#include <stdio.h>
void main()
{   int i,data;
    scanf("%d",&data);
    for(i=0;i<5;i ++)
    {   if(i<data) continue;
            printf("%d,",i);
    }
    printf("\n");
}
```

程序运行时，从键盘输入3<回车>后，程序输出结果为(　　)。

A. 0,1,2,　　B. 1,2,3,4,　　C. 3,4,　　D. 0,1,2,3,4,5,

四、程序练习

1. 修改程序

下面程序中均有2处错误，阅读程序并上机调试，不增加程序代码行，修改程序，使程序能够正确运行。

(1) 求100以内(包括100)的偶数之和。

```
#include <stdio.h>
int main()
{
    int i,sum=1;
```

```
    for(i=2;i<=100;i+=1)
        sum+=i;
    printf("Sum=%d \n";sum);
    return 0;
}
```

(2) 有1,2,3,4四个数字,能组成多少个互不相同且无重复数字的三位数分别是多少?

```
#include <stdio.h>
int main()
{
    int i,j,k;
    for(i=1;i<5;i ++)
        for(j=1;j<=5;j ++)
            for (k=1;k<5;k ++)
            {
                if (i! =k||i! =j||j! =k);
                printf("%d %d %d\n",i,j,k);
            }
    return 0;
}
```

2. 完善程序

下面程序均不完整,阅读程序并上机调试,不增加程序代码行,完善程序,使程序能够正确运行。

(1) 功能:以每行5个数来输出300以内能被7或17整除的偶数,并求出其和。

```
#include <stdio.h>
int main()
{
    int i,n,sum;
    sum=0;
    ________;
    for(i=1; i<=300;i ++)
    if(________)
        if(i%2==0)
        {
            sum=sum+i;
            n ++;
            printf("%6d",i);
            if(________)
                printf("\n");
        }
    printf("\ntotal=%d\n",sum);
    return 0;
```

```
}
```

(2) 功能:编程求任意给定的 n 个数中的奇数的连乘积,偶数的平方和以及 0 的个数,n 通过 scanf()函数输入。

```
#include <stdio.h>
int main()
{
    int r=1,s=0,t=0,n,a,i;
    printf("n=");
    scanf("%d",&n);
    for(i=1;________;i++)
    {
        printf("a=");
        scanf("%d",&a);
        if(________)
            r*=a;
        else if(a!=0)
            ________;
        else
            t++;
    }
    printf("r=%d,s=%d,t=%d\n",r,s,t);
    return 0;
}
```

(3) 功能:输出 9*9 乘法口诀。

```
#include <stdio.h>
void main()
{
    int i,j,result;
    printf("\n");
    for (i=1; ________;i++)
    {
        for(j=1;j<10; ________)
        {
            result=i*j;
            printf("%d*%d=%-3d",i,j, ________);
        }
        printf("\n");
    }
}
```

3. 编写程序

(1) 编写程序求 1−1/2+1/3−1/4+…+1/n 的值。

(2) 编写程序输出九九乘法表左下部分，即

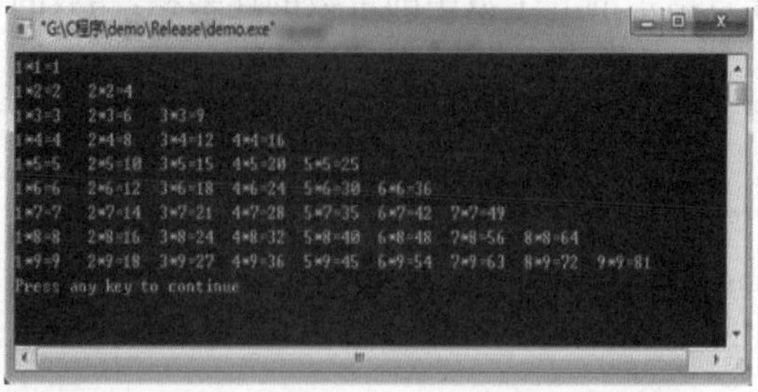

```
"G:\C程序\demo\Release\demo.exe"
1*1=1
1*2=2   2*2=4
1*3=3   2*3=6   3*3=9
1*4=4   2*4=8   3*4=12  4*4=16
1*5=5   2*5=10  3*5=15  4*5=20  5*5=25
1*6=6   2*6=12  3*6=18  4*6=24  5*6=30  6*6=36
1*7=7   2*7=14  3*7=21  4*7=28  5*7=35  6*7=42  7*7=49
1*8=8   2*8=16  3*8=24  4*8=32  5*8=40  6*8=48  7*8=56  8*8=64
1*9=9   2*9=18  3*9=27  4*9=36  5*9=45  6*9=54  7*9=63  8*9=72  9*9=81
Press any key to continue
```

(3) C语言期末考试结束了，请编写程序，统计班级不及格人数，成绩由键盘输入。

五、拓展练习

1. 若变量已正确定义，要求程序段完成求5!的计算，不能完成此操作的程序段是(　　)。

A. for(i=1,p=1;i<=5;i++) p*=i;

B. for(i=1;i<=5;i++){ p=1; p*=i;}

C. i=1;p=1;while(i<=5){p*=i; i++;}

D. i=1;p=1;do{p*=i; i++; }while(i<=5);

2. 有以下程序：

```
void main()
{   int i,j;
    for(i=1;i<4;i++)
     {   for(j=1;j<=i;j++)
              printf("%d*%d=%d  ",j,i,i*j);
         printf("\n");
     }
}
```

程序运行后的输出结果是(　　)。

A. 1*1=1　1*2=2　1*3=3
2*1=2　2*2=4
3*1=3

B. 1*1=1　1*2=2　1*3=3
2*2=4　2*3=6
3*3=9

C. 1*1=1
1*2=2　2*2=4
1*3=3　2*3=6　3*3=9

D. 1*1=1
2*1=2　2*2=4
3*1=3　3*2=6　3*3=9

3. 下面程序的功能是输出以下形式的金字塔图案：

```
   *
  ***
 *****
*******
```

```
void main( )
{  int i,j;
   for(i=1;i<=4;i++)
   {  for(j=1;j<=4-i;j++)     printf(" ");
      for(j=1;j<=______;j++)   printf("*");
      printf("\n");
   }
}
```

在下划线处应填入的是(　　)。

A. i　　B. 2*i-1　　C. 2*i+1　　D. i+2

4. 有以下程序:

```
#include <stdio.h>
void main()
{  int s=0,n;
   for (n=0;n<3;n++)
   {  switch(s)
      {  case 0:
         case 1:s+=1;
         case 2:s+=2;break;
         case 3:s+=3;
         case 4:s+=4;
      }
      printf("%d,",s);
   }
}
```

程序运行后的结果是(　　)。

A. 1,2,4,　　B. 1,3,6,　　C. 3,10,10,　　D. 3,6,8,

5. 以下程序中,while 循环的循环次数是(　　)。

```
void main()
{
    int i=0;
    while(i<10)
    {
        if(i<1) continue;
        if(i==5) break;
        i++;
    }
}
```

A. 1　　B. 4

C. 6　　D. 死循环,不能确定次数

6. 下面程序的运行结果是(　　)。

```
#include <stdio.h>
```

```
void main()
{  int i;
   for(i=1;i<=5;i++)
   {  if (i%2) printf("*");
      else continue;
      printf("#");
   }
   printf("$");
}
```

A. *#*#$　　　　B. #*#*#*$

C. *#*#*#$　　　　D. #*#*$

7. 下列程序的输出结果是(　　)。

```
#include <stdio.h>
void main()
{  int i,a=0,b=0;
   for(i=1;i<10;i++)
   {  if(i%2==0)
      {  a++;
         continue;
      }
      b++;
   }
   printf("a=%d,b=%d",a,b);
}
```

A. a=4,b=4　　　　B. a=4,b=5

C. a=5,b=4　　　　D. a=5,b=5

8. 下面程序的功能是计算1至50中是7的倍数的数值之和,请选择填空(　　)。

```
#include <stdio.h>
void main()
{  int i,sum= 0;
   for(i=1;i<=50;i++)
      if(________)  sum+=i;
   printf("%d",sum);
}
```

A. (int)(i/7)==i/7　　　　B. (int)i/7==i/7

C. i%7= 0　　　　D. i%7==0

9. 下面有关for循环的正确描述是(　　)。

A. for循环只能用于循环次数已经确定的情况

B. for循环是先执行循环体语句,后判断表达式

C. 在for循环中,不能用break语句跳出循环体

D. for循环的循环体语句中，可以包含多条语句,但必须用花括号括起来

10. 设 j 和 k 都是 int 类型，则 for 循环语句（　　）。

```
for(j=0,k=-1;k=1;j ++,k ++) printf(" **** \n");
```

A. 循环结束的条件不合法　　　　B. 是无限循环

C. 循环体一次也不执行　　　　D. 循环体只执行一次

11. 程序填空：输出 1 到 100 之间每位数的乘积大于每位数的和的数。例如，数字 26，数位上数字的乘积 12 大于数字之和 8。

```
#include <stdio.h>
void main()
{
    int n,k=1,s=0,m;
    for(n=1;n<=100;n ++)
    {
        k=1;
        s=0;
        ________;
        while(________)
        {
            k * =m%10;
            s+=m%10;
            ________;
        }
        if(k>s)
            printf("%d ",n);
    }
}
```

12. 程序填空。百马百担问题：有 100 匹马，驮 100 担货，大马驮 3 担，中马驮 2 担，两匹小马驮 1 担，求大、中、小马各多少匹？

```
#include <stdio.h>
void main()
{
    int hb,hm,hl,n=0;
    for(hb=1;hb<=33;________)
        for(hm=1;hm<=49;hm+=1)
        {
            hl=100-hb-________;
            if(hb * 6+hm * 4+________==200)
            {
                n ++;
                printf("hb=%d,hm=%d,hl=%d\n",hb,hm,hl);
            }
        }
    printf("n=%d\n",n);
```

}

13. 编写程序求 10～100 之间数字之和是 6 的所有数,要求每行输出 5 个数。

14. 编写程序求 100 以内的全部素数,每行输出 10 个。素数就是只能被 1 和自身整除的正整数,1 不是素数,2 是素数。

15. 某工地需要搬砖,已知男人一人搬 3 块,女人一人搬 2 块,小孩两人搬 1 块。用 100 人正好搬 100 块砖,问有多少种搬法?

16. 编写程序求一分数序列 2/1,3/2,5/3,8/5,13/8,21/13…的前 20 项之和。

说明:后一项的分子是前一项的分子分母之和,后一项的分母是前一项的分子。

运行结果:s=32.660259

17. 编写程序打印如下所示图形:

```
   *
  ***
 *****
*******
 *****
  ***
   *
```

实训八　一维数组

一、知识点巩固

一维数组的定义格式：

类型说明符　数组名[整型常量表达式]；

比如 int a[5]；

其中：整型常量表达式表示数组中存储元素的个数，即________，数组元素引用是用下标，下标总是从________开始，最大下标为________－1。

二、程序分析

阅读程序并上机调试，回答以下问题。

1. 设有 int a[5]，i；

(1) 从键盘输入数组元素值________________。

(2) 输出数组元素值______________________。

```
2. #include <stdio.h>
void main()
{   int s[12]={1,2,3,4,4,3,2,1,1,1,2,3},c[5]={0},i;
    for(i=0;i<12;i++)
        c[s[i]]++;
    for(i=1;i<5;i++)
        printf("%d\n",c[i]);
    printf("\n");
}
```

i<12	s[i]	c[s[i]]++	i++
1	s[0]=1	c[1]=1	1
1	s[1]=2	c[2]=1	2
1	s[2]=________	________　________	3
1	s[3] =________	________　________	4
1	s[4] =________	________　________	5
1	s[5] =________	________　________	6
1	s[6] =________	________　________	7

（续表）

i<12	s[i]	c[s[i]]++	i++
1	s[7]=______	______ ______	8
1	s[8]=______	______ ______	9
1	s[9]=______	______ ______	10
1	s[10]=______	______ ______	11
1	s[11]=______	______ ______	12
0			

（1）该程序的功能是________________。

（2）程序的运行结果是________________。

三、单项练习

1. 若有说明：int a[10];，则对 a 数组元素的正确引用是（　　）。

   A. a[10]　　B. a[3,5]　　C. a(5)　　D. a[10－10]

2. 以下对一维整型数组 a 的正确说明是（　　）。

   A. int a(10);　　B. int n=10,a[n];

   C. int n;　　D. #define SIZE 10 （换行）

scanf("%d",&n); int a[SIZE];

int a[n];

3. 在 C 语言中，引用数组元素时，其数组下标的数据类型允许是（　　）。

   A. 整型常量　　B. 整型表达式

   C. 整型常量或整型表达式　　D. 任何类型的表达式

4. 有以下程序：

```
#include <stdio.h>
void main()
{
    int a[ ]={2,3,5,4},i;
    for(i=0;i<4;i++)
    switch(i%2)
    {   case 0:switch(a[i]%2)
                {case 0:a[i]++;break;
                case 1:a[i]--;
                }break;
            case 1:a[i]=0;
    }
    for(i=0;i<4;i++)
        printf("%d",a[i]);
    printf("\n");
```

```
}
```

程序运行后的输出结果是(　　)。

A. 3344　　B. 2050　　C. 3040　　D. 0304

5. 有以下程序：

```
#include <stdio.h>
void main()
{  int a[5]={1,2,3,4,5},b[5]={0,2,1,3,0},i,s=0;
   for(i=0;i<5;i++)
       s=s+a[b[i]];
   printf("%d\n",s);
}
```

程序运行后的输出结果是(　　)。

A. 6　　B. 10　　C. 11　　D. 15

6. 有定义 int a[10];,合法的数组元素的最小下标值为(　　)。

A. 10　　B. 9　　C. 1　　D. 0

7. 若有定义 int a[10];,给数组 a 的所有元素分别赋值为 1,2,3,…,9,10 的语句是(　　)。

A. for(i=1;i<11;i++) a[i]=i;

B. for(i=1;i<11;i++) a[i-1]=i;

C. for(i=1;i<11;i++) a[i+1]=i;

D. for(i=1;i<11;i++) a[0]=1;

8. 对以下说明语句 int a[10]={6,7,8,9,10};的正确理解是(　　)。

A. 将 5 个初值依次赋给 a[1]至 a[5]

B. 将 5 个初值依次赋给 a[0]至 a[4]

C. 将 5 个初值依次赋给 a[6]至 a[10]

D. 因为数组长度与初值的个数不相同,所以此语句不正确

9. 假定 int 类型变量占用 2 个字节,其中定义 int x[10]={0,2,4};,则数组 x 在内存中所占字节数是(　　)。

A. 3　　B. 6　　C. 10　　D. 20

10. 以下叙述中正确的是(　　)。

A. 在应用数组元素时,下标表达式可以使用浮点型

B. 数组说明符的一对方括号中只能使用整形常量,而不能使用表达式

C. 一条语句只能定义一个数组

D. 每个数组包含一组具有同一类型的的变量,这些变量在内存中占有连续的存储单元

四、程序练习

1. 修改程序

下面程序中均有 2 处错误,阅读程序并上机调试,不增加程序代码行,修改程序,使程序

能够正确运行。

(1) 在一个已按升序排列的数组中插入一个数，插入后，数组元素仍按升序排列。

例如，please enter an integer to insert in the array：13

The original array：1　2　4　6　8　9　12　15　149　156

The result array：1　2　4　6　8　9　12　13　15　149　156

提示：插入操作的要求是数组中的数据是有序的。从最后一个元素开始(本题中为a[9])与待插入的数进行比较，如果比待插入数大，将当前元素的值复制到其后一个元素中，否则 i+1 即为待插入位置。

```
#include <stdio.h>
#define N 11
void main()
{
    int i,number,a[N]={1,2,4,6,8,9,12,15,149,156};
    printf("please enter an integer to insert in the array:\n");
    scanf("%d",&number);
    printf("The original array:\n");
    for(i=0;i<N-1;i++)
        printf("%5d",a[i]);
    printf("\n");
    for(i=N-2;i<=0;i--)
        if(number<=a[i])
            a[i-1]=a[i];
        else
        {
            a[i+1]=number;
            break;
        }
    if(number<a[0])
        a[0]=number;
    printf("The result array:\n");
    for(i=0;i<N;i++)
        printf("%5d",a[i]);
    printf("\n");
}
```

(2) 以下程序的功能是从 a 数组中删除其值为 x 的数据。

```
#include <stdio.h>
int main()
{
    int a[10]={2,4,7,3,1,7,6,8,7,9}, i, j, x = 7;
    for(i=0,j=0; i<10; i++)
        if(a[i]! = x)
            a[ j ]= a[i];
```

```
    for(i = 0; i<10; i ++)
        printf("%5d", a[i]);
    printf("\n");
    return 0;
}
```

(3) 用起泡法对 n 个整数从小到大排序，n 由键盘输入。

```
#include <stdio.h>
void main()
{
    int i,j,t,n,a[100];
    printf("please input the length of the array:\n");
    scanf("%d",&n);
    for(i=0;i<100;i ++)
        scanf("%d",&a[i]);
    for(i=0;i<n-1;i ++)
        for(j=0;j<n-i-1;j ++)
            if(a[i]>a[i+1])
            {
                t=a[j];
                a[j]=a[j+1];
                a[j+1]=t;
            }
    printf("output the sorted array:\n");
    for(i=0;i<=n-1;i ++)
        printf("%5d",a[i]);
    printf("\n");
}
```

2. 完善程序

下面程序均不完整，阅读程序并上机调试，不增加程序代码行，完善程序，使程序能够正确运行。

(1) 将数组中的元素按逆序存放。例如，the origanal array: 12，9，16，5，7，2，1，the changed array: 1,2,7,5,16,9,12。

提示：a[0]与 a[6]交换，a[1]与 a[5]交换，a[2]与 a[4]交换。

```
#include <stdio.h>
#define N 7
void main ()
{
    int a[N]={12,9,16,5,7,2,1},i,s;
    printf("\n the origanal array:\n");
    for (i=0;i<N;i ++)
        printf("%4d",________);
```

```
    for (i=0;i<________; i++ )
    {
        s=a[i];
        ________;
        a[N-i-1]=s;
    }
    printf("\n the changed array:\n");
    for (i=0;i<N;i ++)
        printf ("%4d",a[i]);
}
```

(2) 将一个数分解到数组中，然后正向、反向输出。

例如，Please input an integer：52436

order：5　2　4　3　6

reverse：6　3　4　2　5

```
#include <stdio.h>
void main( )
{  int i, j=0, k, a[20];
   printf("Please input an integer:");
   scanf("%d", &i);
   k=i;
   while(k>0)          /*将一个数分解到数组a中*/
   {  a[________]=k%10;
      k=k/10;
   }
   printf("order:\n");
   for(k=________; k>=0; k--)
       printf("%d\t", a[k]);
   printf("\n");
   printf("reverse:\n");
   for(k=0; k<j; k ++)
       printf("%d\t", a[k]);
   printf("\n");
}
```

(3) 输出 Fibonacci 数列的前 15 项，要求每行输出 5 项。Fibonacci 数列：1,1,2,3,5,8,13......

```
#include <stdio.h>
void main()
{
    int fib[________],i;
    fib[0]=1;
    fib[1]=1;
    for (i=2;i<15;i ++)
```

```
        fib[i]=________;
    for(i=0;i<15;i++)
    {
        printf("%d\t",fib[i]);
        if (________) printf("\n");
    }
}
```

3. 编写程序

(1) 定义长度为10的数组,从键盘输入数据,编写程序,求正数的平均值。

(2) 定义长度为10的数组,从键盘输入数据,编写程序统计在平均值以下的数据的个数。

(3) 定义长度为10的数组,从键盘输入数据,编写程序找出最小数和它的下标。

五、拓展练习

1. 以下能对一维数组a进行正确初始化的语句是(　　)。

A. int a[10]=(0,0,0,0,0)　　B. int a[10]={}

C. int a[]={0}　　D. int a[10]={10*1}

2. 假定int类型变量占用2个字节,其有定义int x[10]={0,2,4};,则数组x在内存中所占字节数是(　　)。

A. 3　　B. 6　　C. 10　　D. 20

3. 若有以下说明语句:

```
int a[8]={1,2,3,4,5,6,7,8};
char b,c='a';
```

则以下各项中,数值为4的表达式是(　　)。

A. a[d-c]　　B. a[4]　　C. a['d'-'c']　　D. a['d'-'a']

4. 下列说法中错误的是(　　)。

A. 一个数组只允许存储同种类型的变量

B. 如果在对数组进行初始化时,给定的数据元素个数比数组元素个数少时,多余的数组元素会被自动初始化为最后一个给定元素的值

C. 数组的名称其实是数组在内存中的首地址

D. 当数组名作为参数被传递给某个函数时,原数组中的元素的值可能被修改

5. 有以下程序:

```
#include <stdio.h>
void main()
{
    int a[ ]={2,3,5,4},i;
    for(i=0;i<4;i++)
        switch(i%2)
```

```
        {   case 0:switch(a[i]%2)
                {   case 0:a[i]++;break;
                case 1:a[i]--;
                }break;
            case 1:a[i]=0;
        }
    for(i=0;i<4;i++)
        printf("%d",a[i]);
    printf("\n");
}
```

程序运行后的输出结果是(　　)。

A. 3344　　B. 2050　　C. 3040　　D. 0304

6. 有以下程序:

```
#include <stdio.h>
void main()
{   int a[5]={1,2,3,4,5},b[5]={0,2,1,3,0},i,s=0;
    for(i=0;i<5;i++)
        s=s+a[b[i]];
    printf("%d\n",s);
}
```

程序运行后的输出结果是(　　)。

A. 6　　B. 10　　C. 11　　D. 15

7. 若要定义一个具有5个元素的整型数组,以下错误的定义语句是(　　)。

A. int a[5]={0};　　B. int b[]={0,0,0,0,0};

C. int c[2+3];　　D. int i=5,d[i];

8. 以下语句正确的是(　　)。

A. int a[]={1,2,3};　　B. int a[4];a[4]={1,2,3};

C. int a[4.0]={0};　　D. int a[2]={1,3,4};

9. 程序填空:以下程序是用选择法对10个整数按升序排序。

```
#include <stdio.h>
#define N 10
void main()
{
    int i,j,k,t,a[N];
    for(i=0;i<=N-1;i++)
        scanf("%d",&a[i]);
    for(i=0;i<N-1;i++)
    {
        ________;
        for(j=i+1; ________;j++)
            if(a[j]<a[k]) k=j;
        if(________)
```

```
        {
            t=a[i];
            a[i]=a[k];
            a[k]=t;
        }
    }
    printf("output the sorted array:\n");
    for(i=0;i<=N-1;i++)
        printf("%5d",a[i]);
    printf("\n");
}
```

10. 定义长度为10的数组，从键盘输入数据，编写程序找出最小数和它的下标，与数组的第一个元素互换。

11. 编写程序找出有10个元素的数组中的最大值、最小值和平均值，数组元素值由键盘输入。

12. 编写程序求小于lim的所有素数并放在aa数组中，lim由键盘输入。

实训九　二维数组

一、知识点巩固

一维数组的定义格式：

类型说明符　数组名[整型常量表达式 1] [整型常量表达式 2]；

数组元素个数＝＿＿＿＿＿＿ * ＿＿＿＿＿＿。数组行下标从＿＿＿＿到＿＿＿＿，列下标从＿＿＿＿到＿＿＿＿。

二、程序分析

阅读程序并上机调试，回答以下问题。

1. 假设有 int a[3][3]＝{{1,2,3},{4,5,6},{7,8,9}},i,j;

(1) 主对角线＿＿＿＿＿＿。

(2) 辅对角线＿＿＿＿＿＿。

(3) 周边元素＿＿＿＿＿＿。

2. 设有定义 int a[3][4],i,j;

(1) 从键盘输入二维数组值＿＿＿＿＿＿＿＿。

(2) 输出二维数组值＿＿＿＿＿＿＿＿＿＿＿。

三、单项练习

1. 若有说明 int a[3][4];，则对 a 数组元素的正确引用是(　　)。

A. a[2][4]　　B. a[1,3]　　C. a[1＋1][0]　　D. a(2)(1)

2. 以下不能对二维数组 a 进行正确初始化的语句是(　　)。

A. int a[2][3]＝{0};

B. int a[][3]＝{{1,2},{0}};

C. int a[2][3]＝{{1,2},{3,4},{5,6}};

D. int a[][3]＝{1,2,3,4,5,6};

3. 有如下的定义：int i;int a[3][3]＝{1,2,3,4,5,6,7,8,9};，则下面语句的输出结果是(　　)。

```
for(i=0;i<3;i++)
    printf("%d,",a[i][2-i]);
```

A. 1,5,9,　　B. 1,4,7,　　C. 3,5,7,　　D. 3,6,9,

4. 有以下程序：

```
void main()
{  int aa[4][4]={{1,2,3,4},{5,6,7,8},{3,9,10,2},{4,2,9,6}};
   int i,s=0;
   for(i=0;i<4;i ++)
        s+=aa[i][1];
   printf("%d\n",s);
}
```

程序运行后的输出结果是(　　)。

A. 11　　B. 19　　C. 13　　D. 20

5. 有以下程序：

```
#include <stdio.h>
void main()
{  int a[4][4]={{1,4,3,2},{8,6,5,7},{3,7,2,5},{4,8,6,1}},i,k,t;
   for(i=0;i<3;i ++)
        for(k=i+1;k<4;k ++)
            if(a[i][i]<a[k][k])
            {   t=a[i][i];a[i][i]=a[k][k];a[k][k]=t;}
        for(i=0;i<4;i ++)
            printf("%d,",a[0][i]);
}
```

程序运行后的输出结果是(　　)。

A. 6,2,1,1,　　B. 6,4,3,2,

C. 1,1,2,6,　　D. 2,3,4,6,

6. 有以下程序：

```
void main()
{
    int i,t[][3]={9,8,7,6,5,4,3,2,1};
    for(i=0;i<3;i ++)
        printf("%d",t[2-i][i]);
}
```

程序执行后的输出结果是(　　)。

A. 7 5 3　　B. 3 5 7　　C. 3 6 9　　D. 7 5 1

四、程序练习

1. 修改程序

下面程序中均有 2 处错误，阅读程序并上机调试，不增加程序代码行，修改程序，使程序能够正确运行。

(1) 从键盘上输入一个 3 行 3 列矩阵的各个元素的值，输出主对角线上的元素之和 sum。

```
#include <stdio.h>
void main()
{
    int a[3][3],sum;
    int i,j;
    sum=0;
    for(i=0;i<3;i++)
        for(j=0;j<3;j++)
            scanf("%d",a[i][j]);
    for(i=0;i<3;i++)
        sum=sum+a[i][j];
    printf("sum=%d\n",sum);
}
```

(2) 实现3行3列矩阵的转置,即行列互换。

例如,输入:1 2 3 4 5 6 7 8 9

输出为:转置前 1 2 3
　　　　　　　4 5 6
　　　　　　　7 8 9
　　　　转置后 1 4 7
　　　　　　　2 5 8
　　　　　　　3 6 9

```
#include <stdio.h>
void main()
{
    int a[3][3],i,j,t;
    for(i=0;i<3;i++)
        for(j=0;j<3;j++)
        scanf("%d",&a[i][j]);
    printf("转置前:\n");
    for(i=0;i<3;i++)
    {
        for(j=0;j<3;j++)
            printf("%4d",a[i][j]);
        printf("\n");
    }
    for(i=0;i<3;i++)
        for(j=0;j<3;j++)
        {
            t=a[i][j];
            a[i][j]=a[j][i];
            t=a[j][i];
```

```
    }
    printf("转置后:\n");
    for(i=0;i<3;i++)
    {
        for(j=0;j<3;j++)
            printf("%4d",a[i][j]);
        printf("\n");
    }
}
```

2. 完善程序

下面程序均不完整，阅读程序并上机调试，不增加程序代码行，完善程序，使程序能够正确运行。

(1) 产生并输出杨辉三角的前7行。

```
1
1  1
1  2  1
1  3  3  1
1  4  6  4  1
1  5  10  10  5  1
1  6  15  20  15  6  1
#include <stdio.h>
void main ( )
{
    int a[7][7];
    int i,j;
    for (i=0;i<7;i++)
    {
        a[i][0]=1;
        ________;
        }
        for (i=2;i<7;i++)
            for (j=1;j<i;j++)
                a[i][j]= ________;
        for (i=0;i<7;i++)
        {
            for (j=0;________;j++)
                printf("%6d",a[i][j]);
            printf("\n");
    }
}
```

(2) 打印以下图形：

```
*****
  *****
    *****
      *****
        *****
```

```
#include <stdio.h>
void main ( )
{
    char a[5][9]={""};
    int i,j;
    for (i=0;i<5;i ++)
        for(j=i; ________;j ++)
            a[i][j]='*';
    for(________;i<5;i ++)
    {
        for(j=0;j<9;j ++)
            printf("%c",________);
        printf("\n");
    }
}
```

3. 编写程序

(1) 编写程序求出二维数组周边元素之和。注意:不要加重复的元素。

(2) 编写程序求 5 行 5 列矩阵的主、副对角线上元素之和。注意,两条对角线相交的元素只加一次。

(3) 编写程序求出 N×M 整型数组的最大元素及其所在的行坐标及列坐标(如果最大元素不唯一,选择位置在最前面的一个)。

例如,输入的数组为：

```
 1    2    3
 4   15    6
12   18    9
10   11    2
```

求出的最大数为 18,行坐标为 2,列坐标为 1。

五、拓展练习

1. 若有说明 int a[3][4];,则 a 数组元素的非法引用是(　　)。

A. a[0][2*1]　　B. a[1][3]

C. a[4-2][0]　　D. a[0][4]

2. 程序填空:产生并输出如下形式的方阵。

1 2 2 2 2 2 1

3 1 2 2 2 1 4

3 3 1 2 1 4 4

3 3 3 1 4 4 4

3 3 1 5 1 4 4

3 1 5 5 5 1 4

1 5 5 5 5 5 1

```
#include <stdio.h>
void main()
{
    int a[7][7];
    int i,j;
    for (i=0;i<7;i ++)
        for (j=0;j<7;j ++)
        {
            if (________) a[i][j]=1;
            else if (i<j&&i+j<6) ________;
            else if (i>j&&i+j<6) a[i][j]=3;
            else if (________) a[i][j]=4;
            else a[i][j]=5;
        }
    for (i=0;i<7;i ++)
    {
        for (j=0;j<7;j ++)
            printf("%4d",a[i][j]);
        printf("\n");
    }
}
```

3. 程序填空:打印出如下图案(菱形)。

```
   *
  ***
 *****
*******
 *****
  ***
   *
```

```
#include <stdio.h>
void main()
{
    int i,j,k;
    for(i=0;________;i ++)
```

```
    {
        for(j=0;j<=4-i;j ++)
            printf(" ");
        for(k=1;k<=________;k ++)
            printf(" * ");
        printf("\n");
    }
    for(________;j<3;j ++)
    {
        for(k=0;k<j+3;k ++)
            printf(" ");
        for(k=0;k<5-2 * j;k ++)
            printf(" * ");
        printf("\n");
    }
}
```

4. 程序填空:给出以下程序,其功能是将 a 矩阵和 b 矩阵合并成 c 矩阵,最后将 c 矩阵按格式输出。

输出结果:5 4 8 9
　　　　　6 3 7 9
　　　　　7 8 2 5

```
#include <stdio.h>
void main()
{   int a[3][4] = {{3, 1, 7, 5},{1, 2, 4, 3},{6, 3, 0, 2}};
    int b[3][4] = {{2, 3, 1, 4},{5, 1, 3, 6},{1, 5, 2, 3}};
    int i, j, c[3][4];
    for(i=0; i<3; i ++)
        for(j=0; j<4; j ++)
            c[i][j]=________;
    for(i=0; i<3; i ++)
    {   for(j=0; j<4; j ++)
            printf("%5d", c[i][j]);
        ________;
    }
}
```

5. 程序改错:以下程序输出以下前 6 行杨辉三角形。

```
        1
      1   1
    1   2   1
  1   3   3   1
1   4   6   4   1
  ............
```

```
#include <stdio.h>
void main( )
{
    int a[6][6],i,j,k;
/************ FOUND ************/
    for(i=1;i<=6;i ++)
    {
        for(k=0;k<10-2*i;k ++)
            printf(" ");
        for(j=0;j<=i;j ++)
        {
/************ FOUND ************/
            if(j==0&&j==i)
                a[i][j]=1;
            else
/************ FOUND ************/
                a[i][j]=a[i-1][j-1]+a[i][j-1];
            printf(" ");
            printf("%-3d",a[i][j]);
        }
        printf("\n");
    }
}
```

6. 编写程序,实现矩阵(3 行 3 列)的转置(即行列互换)。

例如,输入下面的矩阵:

100 200 300
400 500 600
700 800 900

程序输出:

100 400 700
200 500 800
300 600 900

7. 编写程序,在键盘上输入一个 3 行 3 列矩阵的各个元素的值(值为整数),然后输出矩阵第一行与第三行元素之和。

8. 编写程序,求出二维数组 tt[3][4]每列中最小元素,并依次放入一维数组 pp[4]中。

实训十　字符数组

一、知识点巩固

字符数组的定义格式如下：

数据类型　数组名[常量表达式]；

其中：数据类型必须是________。

(1) 若有 char ch[5];，数组长度为________，数组元素下标从________到________。

(2) 若有 char ch[5]={'c','h','i','n','a'};，则数组长度为________，数组各元素值分别为 ch[0]=________ ch[1]=________ ch[2]=________ ch[3]=________ ch[4]=________。

(3) 若有 char ch[]="china";，则字符串串长________，数组长度为________，数组各元素值分别为___________。

(4) 用字符数组处理字符串时，用________作为字符串结束标记。

二、程序分析

阅读程序并上机调试，回答以下问题。

1.
```
#include <stdio.h>
#include <string.h>
void main()
{
    char ch[]="I Love China!",t;
    int i,n;
    n=strlen(ch);                    //A
    printf("The original string:");
    puts(ch);
    for(i=0;i<n/2;i ++)              //B
    {
        t=ch[i];
        ch[i]=ch[n-1-i];
        ch[n-1-i]=t;
    }
    puts(ch);
}
```

(1) A 行 n 的值__________。

(2) 程序的运行结果是__________。

(3) 如果 B 行 i<n/2 改为 i<n，运行结果__________。

2.
```
#include <stdio.h>
void main()
{   char   s[80]= "abcdef";
    int i,j;
    printf("The original string:");
    puts(s);
    for(i=j=0; s[i]! ='\0'; i++)          //A
        if(s[i]! ='c')
        s[j++]=s[i];                      //B
    s[j]='\0';                            //C
    printf("The string after deleted:  ");
    puts(s);
}
```

(1) 程序的功能是______________。

(2) 程序的运行结果是__________。

(3) A 行 for 循环的循环控制条件可以不可以改为 i<80，______________。为什么？________________________。

(4) B 行 s[j++]能否改为 s[j]？________。

(5) C 行能不能省略？如果省略，运行结果是________。

三、单项练习

1. 已定义两个字符数组 a,b，则以下正确的输入格式是(　　)。

A. scanf("%s%s", a, b);　　B. get(a, b);

C. scanf("%s%s", &a, &b);　　D. gets("a"),gets("b");

2. 下列字符数组长度为 5 的是(　　)。

A. char a[]={'h', 'a', 'b', 'c', 'd'};

B. char b[]= {'h', 'a', 'b', 'c', 'd', '\0'};

C. char c[10]= {'h', 'a', 'b', 'c', 'd'};

D. char d[6]= {'h', 'a', 'b', 'c', '\0' };

3. 以下各项中，不能将字符串"china"赋给数组 a 的语句是(　　)。

A. char a[10]={'c','h','i','n','a'};

B. char a[10]="china";

C. char a[10];a="china";

D. char a[10];strcpy(a,"china");

4. 判断两个字符串是否相等，正确的表达方式是(　　)。

A. while(s1==s2)　　B. while(s1=s2)

C. while(strcmp(s1,s2)==0)　　　　D. while(strcmp(s1,s2)=0)

5. 语句 char s[] = "example"; s[4] = 0;printf("%s", s);的输出结果是(　　)。

A. exam　　B. example　　C. exa　　D. examp

6. 有以下程序：

```
#include <stdio.h>
void main()
{   char s[]={"012xy"};
    int i,n=0;
    for(i=0;s[i]! =0;i ++)
        if(s[i]>='a' &&s[i]<='z')
            n ++;
    printf("%d\n",n);
}
```

程序运行后的输出结果是(　　)。

A. 0　　B. 2　　C. 3　　D. 5

7. 有以下程序：

```
#include <stdio.h>
#include <string.h>
void main()
{   char a[10]="abcd";
    printf("%d,%d\n",strlen(a),sizeof(a));
}
```

程序运行后的输出结果是(　　)。

A. 7,4　　B. 4,10　　C. 8,8　　D. 10,10

8. 有如下程序：

```
#include <stdio.h>
void main()
{   char b[3][10];
    int i;
    for(i=0;i<2;i ++)
        scanf("%s",b[i]);
    gets(b[2]);
    printf("%s%s%s\n",b[0],b[1],b[2]);
}
```

执行时若从第一列输入 Fig flower is red <回车>,则输出的结果是(　　)。

A. Fig flower is red　　　　B. Figflower is red

C. Figfloweris red　　　　D. Figflowerisred

四、程序练习

1. 修改程序

下面程序中均有 2 处错误，阅读程序并上机调试，不增加程序代码行，修改程序，使程序能够正确运行。

(1) 将一个字符串中的大写字母转换成小写字母。

```
#include <stdio.h>
void main()
{
    char s[81],i;
    gets(s);
    while(s[i])
    {
        if(s[i]>='A'&& s[i]<='Z')
            s[i]-='A'-'a';
        i++;
    }
    puts(s[81]);
}
```

(2) 用“起泡法”对连续输入的 10 个字符排序后按从小到大的次序输出。

```
#include <stdio.h>
#define  N  10
void main( )
{
    int i;
    char str[N],t;
    for(i=0;i<N;i++)
        scanf("%c",str[i]);
    for(j=1;j<N;j++)
        for(i=0;i<N-j;i--)
            if(str[i]>str[i+1])
            {
                t=str[i];
                str[i]=str[i+1];
                str[i+1]=t;
            }
    for(i=0;i<N;i++)
        printf("%c",str[i]);
    printf("\n");
}
```

(3) 输出结果为:

```
*****
 *****
  *****
   *****
```

```
#include <stdio.h>
void main()
{
    char a[]={'*','*','*','*','*'};
    int i,j,k;
    char space='';
    for(i=0;i<5;i++)
    {
        for(j=1;j<=3*i;j++)
            printf("%1c",space);
        for(k=0;k<5;k++)
            printf("%c",a[i]);
        printf("\n");
    }
}
```

2. 完善程序

下面程序均不完整,阅读程序并上机调试,不增加程序代码行,完善程序,使程序能够正确运行。

(1) 将一个字符串中的前 n 个字符复制到一个字符数组中去,不许使用 strcpy 函数,n 由键盘输入。

```
#include <stdio.h>
void main ( )
{
    char str1[80],str2[80];
    int i,n;
    gets(________);
    scanf("%d",&n);
    for (i=0; i<n;i++)
        ________;
    str2[n]='\0';                    //A 行
    printf("%s\n",str2);
}
```

思考:若去掉 A 行,运行结果有什么变化? 试一试,为什么?

(2) 对两个字符串进行比较,然后输出两个字符串中第一个不相同的 ASCII 代码的差,即实现 strcmp()函数的功能。

```
#include <stdio.h>
```

```
void main()
{  char s1[80],s2[80];
   int i=0,s;
   gets(s1);
   gets(s2);
   while((s1[i]==s2[i]&&(s1[i]!='\0')&&(________)))
      i++;
   s=________;
   printf("%d",s);
}
```

(3) 将 x 字符串与 y 字符串连接并输出，请填空。注：程序中不能使用字符串连接函数。

```
#include <stdio.h>
void main()
{  char x[80], y[40];
   int a=0, h = 0;
   printf("Please input x string:");
   gets(x);
   printf("Please input y string:");
   ________;
   while(x[h]!='\0')
      ________;
   while(y[a]!='\0')
      x[h++] = y[a++];
   ________;
   printf("Output x string:");
   puts(x);
}
```

3. 程序练习

(1) 输入一个字符串，编写程序判断此字符串是否是回文字符串。例如，"qwewq"是回文字符串，"qwe"不是回文字符串。

(2) 输入一个字符串，编写程序将字符串逆序存储并输出。如：输入 ab c def，输出 fed c ba

(3) 输入一个字符串，编写程序将大写字母改为小写字母。

五、拓展练习

1. 有定义语句 int b;char c[10];，则正确的输入语句是(　　)。

A. scanf("%d%s",&b,&c);　　　　B. scanf("%d%s",&b, c);

C. scanf("%d%s",b, c);　　　　D. scanf("%d%s",b,&c);

2. 当用户要求输入的字符串中含有空格符时，应使用的输入函数是(　　)。

A. scanf()　　B. getchar()　　C. gets()　　D. getc()

3. 有以下程序：

```
#include <stdio.h>
void main( )
{   char a[]="abcdefg",b[10]="abcdefg";
    printf("%d %d\n",sizeof(a),sizeof(b) );
}
```

执行后输出结果是(　　)。

A. 7 7　　B. 8 8　　C. 8 10　　D. 10 10

4. 有以下程序：

```
#include <stdio.h>
void main()
{   char s[]="012xy\08s34f4w2";
    int i,n=0;
    for(i=0;s[i]! =0;i++)
        if(s[i]>='0'&&s[i]<='9') n++;
    printf("%d\n",n);
}
```

程序运行后的输出结果是(　　)。

A. 0　　B. 3　　C. 7　　D. 8

5. 有以下程序(strcat 函数用以连接两个字符串)：

```
#include <stdio.h>
#include <string.h>
void main()
{   char a[20]="ABCD\0EFG\0",b[]="IJK";
    strcat(a,b);
    printf("%s\n",a);
}
```

程序运行后的输出结果是(　　)。

A. ABCDE\OFG\OIJK　　B. ABCDIJK

C. IJK　　D. EFGIJK

6. 有以下程序：

```
#include <stdio.h>
void main()
{   char s[]="abcde";
    s+=2;
    printf("%d\n",s[0]);
}
```

执行后的结果是(　　)。

A. 输出字符 a 的 ASCII 码　　B. 输出字符 c 的 ASCII 码

C. 输出字符 c　　D. 程序出错

7. 以下程序段的输出结果是(　　)。

```
char s[]="\\141\141abc\t";
printf ("%d\n",strlen(s));
```

A. 9　　B. 12　　C. 13　　D. 14

8. 有以下程序：

```
#include <stdio.h>
#include <string.h>
void main()
{   int i;
    char a[]="how are you!";
    for(i=0;a[i];i++)
        if(a[i]==' ') strcpy(a,&a[i+1]);
    printf("%s\n",a)
}
```

程序的输出结果是(　　)。

A. areyou!　　B. you!　　C. Howareyou!　　D. are you!

9. 有以下程序：

```
#include <stdio.h>
void main()
{   char b[4][10];
    int i;
    for(i=0;i<4;i++)
        scanf("%s",b[i]);
    printf("%s%s%s%s",b[0],b[1],b[2],b[3]);
}
```

执行时若输入 Fig　flower　is　red.<回车>,则输出结果是(　　)。

A. Figfloweris　red.　　B. Fig　flower　is　red.

C. Figflower　is　red.　　D. Figflowerisred.

10. 有以下程序：

```
#include <stdio.h>
#include <string.h>
void main()
{   char w[20], a[5][10]={"abcdef", "ghijkl", "mnopq", "rstuv", "wxyz"};
    int i;
    for (i=0; i<5;i++)
        w[i]=a[i][strlen(a[i])-1];
    w[5]='\0';
    puts(w);
}
```

程序的运行结果是(　　)。

A. flqvz　　B. ekpuy　　C. agmrw　　D. flqv

实训十一　函数的初步应用

一、知识点巩固

函数的定义形式：

```
类型标识符 函数名(形参列表)
{
    声明部分
    语句
}
```

(1) 类型标识符指明了函数的________,形参表中各参数用________间隔,必须在形参表中一一给出形参的类型说明。形参没有实际值,其值由实参传递。形参只有在被调用时才分配________。调用结束内存单元被________。

(2) 函数的值只能通过________语句返回主调函数。

(3) 在值传递时,当形参值改变,________影响到实参的值。

(4) C 语言允许嵌套调用,________嵌套定义。

二、程序分析

阅读程序并上机调试,回答以下问题。

```
#include <stdio.h>
void fun(int x,int y)                           //A
{   printf("2:x=%d,y=%d\n",x,y);                //B
    x=30;y=20;                                  //C
    printf("3:x=%d,y=%d\n",x,y);                //D
}                                               //E
void main()                                     //F
{   int a=45,b=27,c=0;                          //G
    printf("1:a=%d,b=%d\n",a,b);                //H
    fun(a,b);                                   //I
    printf("4:a=%d,b=%d\n",a,b);                //J
}                                               //K
```

(1) 程序有 2 个函数组成,分别是________函数和________函数。主调函数是________,实参是________,被调函数是________,函数类型是________,形参是________。实参向形参传________,它们在内存中所占的存储单元________。

(2) 程序执行时,从________行开始。执行 H 行,输出__________,执行 I 行函数调用,转到________函数________行,实参向形参传值,a 赋值给________,b 赋值给________,执行 B 行,输出________,执行 D 行,输出________,执行 E 行,转回 main 函数________行,执行 J 行,输出________。

(3) 程序执行顺序为______________________________。

(4) 从运行结果得出结论,实参向形参传值,形参的变化________影响实参。

三、单项练习

1. 在 C 语言程序中(　　)。
   A. 函数的定义可以嵌套,但函数的调用不可以嵌套
   B. 函数的定义不可以嵌套,但函数的调用可以嵌套
   C. 函数的定义和函数调用均可以嵌套
   D. 函数的定义和函数调用不可以嵌套

2. C 语言执行程序的开始执行点是(　　)。
   A. 程序中第一条可以执行语言　　B. 程序中第一个函数
   C. 程序中的 main 函数　　D. 包含文件中的第一个函数

3. 执行下面程序后,输出结果是(　　)。

```
#include <stdio.h>
void main()
{  int a=45,b=27,c=0;
   c=max(a,b);
   printf("%d\n",c);
}
int max(int x,int y)
{  int z;
   if(x>y) z=x;
   else z=y;
   return(z);
}
```

   A. 45　　B. 27　　C. 18　　D. 72

4. 以下程序的输出结果为(　　)。

```
#include <stdio.h>
void main()
{  int a=1,b=2,c=3,d=4,e=5;
   printf("%d\n",func((a+b,b+c,c+a),(d+e)));
}
int func(int x,int y)
{
    return(x+y);
}
```

A. 15　　B. 13　　C. 9　　D. 函数调用出错

5. 用户定义的函数不可以调用的函数是(　　)。

A. 非整型返回值的　　B. 本文件外的

C. main 函数　　D. 本函数下面定义的

6. 以下正确的函数定义形式是(　　)。

A. double fun(int x,int y)　　B. double fun(int x;int y)

C. double fun(int x,int y);　　D. double fun(int x,y);

7. 以下正确的说法是(　　)。

A. 用户若需调用标准库函数,调用前必须重新定义

B. 用户可以重新定义标准库函数,若如此,该函数将失去原有含义

C. 系统根本不允许用户重新定义标准库函数

D. 用户若需调用标准库函数,调用前不必使用预编译命令将该函数所在文件包括到用户源文件中,系统自动去调用

8. C 语言规定:简单变量做实参时,它和对应形参之间的数据传递方式是(　　)。

A. 地址传递

B. 单向值传递

C. 由用户指定的传递方式

D. 由实参传给形参,再由形参传回给实参

9. C 语言规定,函数返回值的类型是由(　　)。

A. return 语句中的表达式类型所决定

B. 调用该函数时的主调函数类型所决定

C. 调用该函数时系统临时决定

D. 在定义该函数时所指定的函数类型所决定

10. 有以下程序:

```
#include <stdio.h>
float fun(int x,int y)
{   return(x+y);}
void main()
{   int a=2,b=5,c=8;
    printf("%3.0f\n",fun((int)fun(a+c,b),a-c));
}
```

程序运行后的输出结果是(　　)。

A. 编译出错　　B. 9　　C. 21　　D. 9.0

四、程序练习

1. 修改程序

下面程序中均有 2 处错误,阅读程序并上机调试,不增加程序代码行,修改程序,使程序

能够正确运行。

(1) 函数 fun 的功能是：判断一个整数是否为素数，若是素数返回 1，否则返回 0。在 main()函数中，若 fun 返回 1 输出 YES，若 fun 返回 0 输出 NO!。

```
#include <stdio.h>
int fun(int m)
{   int k=2;
    while(k<=m&&m%k)
        k++;
    if(m<=k)
        return 0;
    else
        return 1;
}
void main()
{   int n;
    printf("\nPlease enter n: ");
    scanf("%d",&n);
    if(fun(n)) printf("YES\n");
    else printf("NO! \n");
}
```

(2) 下列给定程序中函数 fun 的功能是：用公式 $\pi/4=1-1/3+1/5-1/7+\ldots$，求 π 的近似值，直到最后一项的绝对值小于指定的数(参数 num)为止。例如，程序运行后，输入 0.0001，则程序输出 3.1414。

```
#include <stdio.h>
#include <math.h>
float fun (num )
{   int s;
    float n, t, pi;
    t = 1; pi = 0; n = 1;  s = 1;
    while(t>=num)
    {
        pi = pi + t;
        n = n + 2;
        s = -s;
        t = s / n;
    }
    pi = pi * 4;
    return pi;
}
void main( )
{   float n1, n2;
    printf("Enter a float number: ");
```

```
    scanf("%f", &n1);
    n2 = fun(n1);
    printf("%6.4f\n", n2);
}
```

(3) 下列给定程序中,函数 fun 的功能是:输入一个整数 m,计算如下公式的值。

$$t=1/2-1/3-\cdots-1/m$$

例如,若输入 5,则应输出－0.283333。

```
#include <stdio.h>
int fun(int m)
{
    double t=0;
    int i;
    for(i=2;i<=m;i++)
        t+=-1.0/i;
    return t;
}
void main()
{   int m;
    printf("\nPlease enter 1 integer numbers:\n");
    scanf("%d",&m);
    printf("\n\nThe result is %1f\n",fun(m));
}
```

2. 完善程序

下面程序均不完整,阅读程序并上机调试,不增加程序代码行,完善程序,使程序能够正确运行。

(1) 找出 100～999 之间(含 100 和 999)所有整数中各位上数字之和为 x(x 为正整数)的整数,并输出;符合条件的整数个数作为函数值返回。

例如,当 x 值为 5 时,100～999 之间各位上数字之和为 5 的整数有:104,113,122,131,140,203,212,221,230,302,311,320,401,410,500,共有 15 个。当 x 值为 27 时,各位数字之和为 27 的整数是:999,只有 1 个。

```
#include <stdio.h>
int fun(int x)
{   int n, s1, s2, s3, t;
    n=0;
    t=100;
    while(t<=____)
    {
        s1=t%10;
        s2=(____)%10;
        s3=t/100;
        if(s1+s2+s3==x)
```

```
        {   printf("%d ",t);
            n++;
        }
        t++;
    }
    return n;
}
void main()
{   int x=-1;
    while(x<0)
    { printf("Please input(x>0): ");   scanf("%d",&x);   }
    printf("\nThe result is: %d\n",fun(______));
}
```

(2) 计算并输出 500 以内最大的 10 个能被 13 或 17 整除的自然数之和。

```
#include <stdio.h>
int fun(______)
{
    int m=0,mc=0;
    while (k >= 2 && ______)
    {
        if (k%13 == 0 ||___________)
        {
            m=m+k;
            mc ++;
        }
        k--;
    }
    return m;
}
void main ( )
{
    printf("%d\n", fun(500));
}
```

(3) 以下程序的功能：当 $x>=0$ 时，$y=2x^2+3x+4$；当 $x<0$ 时，$y=-2x^2+3x-4$。

```
#include <stdio.h>
double  f(______)
{
    double y;
    if (x>=0)
            y=2.0*x*x+3.0*x+4.0;
    else
            y=-2.0*x*x+3.0*x-4.0;
        _______;
```

```
}
void main()
{
    printf("%f\n", f(f(-1.0)+f(1.0)));
}
```

3. 编写程序

(1) 编写程序求所有的水仙花数,每行输出5个。要求,判断是否是水仙花数由函数实现。

(2) 编写程序输出2000～3000之间的所有闰年,每行输出5个。要求:判断是否是闰年由函数实现。

(3) 编写程序计算出k以内最大的10个能被13或17整除的自然数之和(k＜3000)。要求:具体功能由函数fun实现。

(4) 编写程序求1!＋2!＋3!＋……＋n!的和,在main函数中由键盘输入n值,并输出运算结果。

(5) 编写程序找出一个大于给定整数且紧随这个整数的素数,并作为函数值返回。

(6) 从低位开始取出长整型变量s中偶数位上的数,依次构成一个新数放在t中。例如,当s中的数为:7 654 321时,t中的数为:642。要求:主函数给定一个长整型数,由键盘输入,调用fun函数求新数并输出。

五、拓展练习

1. 下面的函数调用语句中func函数的实参个数是(　　)。

```
func(f2(v1,v2),(v3,v4,v5),(v6,max(v7,v8)));
```

A. 3　　B. 4　　C. 5　　D. 8

2. 有以下程序:

```
#include <stdio.h>
double f(double x);
void main()
{   double a=0;int i;
    for(i=0;i<30;i+=10)
        a+=f((double)i);
    printf("%0.5f\n",a );
}
double f(double x)
{   return x*x+1;}
```

程序运行结果是(　　)。

A. 503.00000　　B. 401.00000　　C. 500.00000　　D. 1404.00000

3. 有以下程序:

```
#include <stdio.h>
```

```
intf(int x);
void main()
{   int n=1,m;
    m=f(f(f(n)));
    printf("%d\n",m);
}
int f(int x)
{   return   x*2;}
```

程序运行后的输出结果是(　　)。

A. 1　　B. 2　　C. 4　　D. 8

4. 如有函数声明 int fun(void);则以下说法中正确的是(　　)。

A. fun 函数是 void 型函数,且没有参数

B. fun 函数是 void 型函数,且有一个 int 型参数

C. fun 函数是 int 型函数,且没有参数

D. fun 函数是 int 型函数,且有一个参数

5. 如有函数声明 int fun(void);和定义 int x=10,y;,则正确的调用形式是(　　)。

A. void fun();　　B. y=fun(x);　　C. fun(x);　　D. y=fun();

6. 有以下程序:

```
#include <stdio.h>
int f(int x,int y)
{
    return((y-x)*x);
}
void main()
{
    int a =3,b =4,c =5,d;
    d=f(f(a,b),f(a,c));
    printf("%d\n",d);
}
```

程序运行后的输出结果是(　　)。

A. 10　　B. 9　　C. 8　　D. 7

7. 有以下程序:

```
#include <stdio.h>
int fun1(double a)
{   return a*=a; }
int fun2(double x,double y)
{
    double a =0,b =0;
    a=fun1(x);
    b=fun1(y);
    return (int)(a+b);
```

```
}
void main()
{   double w;w=fun2(1.1,2.0);…}
```

程序执行后变量 w 中的值是(　　)。

A. 5.21　　B. 5　　C. 5.0　　D. 0.0

8. 有以下程序:

```
#include <stdio.h>
void f(int v, int w)
{   int t;
    t=v;v=w;w=t;
}
void main( )
{   int x=1,y=3,z=2;
    if(x>y) f(x,y);
    else if(y>z) f(y,z);
    else f(x,z);
    printf("%d,%d,%d\n",x,y,z);
}
```

执行后输出结果是(　　)。

A. 1,2,3　　B. 3,1,2　　C. 1,3,2　　D. 2,3,1

9. 设函数 fun 的定义形式为 void fun(char ch, float x) { … },则以下对函数 fun 的调用语句中,正确的是(　　)。

A. fun("abc",3.0);　　B. t=fun('D',16.5);

C. fun('65',2.8);　　D. fun(32,32);

10. 若函数调用时的实参为变量时,以下关于函数形参和实参的叙述中正确的是(　　)。

A. 函数实参和其对应的形参共占同一存储单元

B. 形参只是形式上的存在,不占用具体存储单元

C. 同名的实参和形参占同一存储单元

D. 函数的形参和实参分别占用不同的存储单元

11. 程序改错。下列给定程序中,fun 函数的功能是:根据形参 m,计算下列公式的值。

$$t=1+1/2+1/3+1/4+\cdots+1/m$$

例如,若输入 5,则应输出 2.283333。

```
#include <stdio.h>
double fun(int m)
{
    double t=1.0;
    int i;
    for(i=2;i<=m;i ++)
/ *********** FOUND *********** /
        t+=1.0/k;
```

```
/************ FOUND ************/
    return i;
}
void main()
{  int m;
   printf("\nPlease enter 1 integer number: ");
   scanf("%d",&m);
   printf("\nThe result is %1f\n", fun(m));
}
```

12. 编写程序求一个四位数的各位数字的立方和，主函数输入四位数，由被调函数 fun 求结果并返回主调函数。

13. 编写程序找出 100～200 之间的素数，并以每行 5 个数输出。要求：是否是素数由函数实现。

14. 编写程序计算公式的值：y＝1/2！＋1/4！＋…＋1/m！（m 是偶数）。要求：主函数输入 m 的值，计算公式的值由函数 fun 实现。

15. 编写程序从低位开始取出长整型变量 s 奇数位上的数，依次构成一个新数放在 t 中。例如，当 s 中的数为：7 654 321 时，t 中的数为：7531。要求：主函数给定一个长整型数，由键盘输入，调用 fun 函数求新数并输出。

实训十二　数组作函数参数

一、知识点巩固

数组名作函数实参，由于数组名是________，传递给形参的是________，即把实参数组的________赋予形参数组名。形参数组名获得该首地址后，也就有了和实参数组一样的存储单元，即实参数组和形参数组共同拥有____________内存空间。因此，形参数组改变，相应实参数组也________。

二、程序分析

阅读程序并上机调试，回答以下问题。

1.
```
#include <stdio.h>
void swap1(int c[])                                   //A
{   int t;                                            //B
    t=c[0];c[0]=c[1];c[1]=t;                          //C
}                                                     //D
void swap2(int c0,int c1)                             //E
{   int t;                                            //F
    t=c0;c0=c1;c1=t;                                  //G
}                                                     //H
void main( )                                          //I
{   int a[2]={3,5},b[2]={3,5};                        //J
    swap1(a);                                         //K
    swap2(b[0],b[1]);                                 //L
    printf("%d %d %d %d\n",a[0],a[1],b[0],b[1]);      //M
}                                                     //N
```

(1) K 行函数实参是____________，调用________函数，向形参传递________，调用后 a 数组的值________(有/无)变化。

(2) L 行函数实参是____________，调用________函数，向形参传递________，调用后 b 数组的值________(有/无)变化。

(3) 程序语句行执行顺序是______________________。

(4) 程序运行结果为____________________________。

(5) 总结：传递值，形参变化________(影响/不影响)实参；传递地址，形参变化________(影响/不影响)实参。

2.
```
#include <stdio. h>
void reverse(int a[ ],int n)                          //A
{  int i,t;                                           //B
   for(i=0;i<n;i ++)                                  //C
   { t=a[i]; a[i]=a[n-1-i];a[n-1-i]=t;}               //D
}                                                     //E
void main()                                           //F
{  int b[10]={1,2,3,4,5,6,7,8,9,10}, i,s=0;           //G
   reverse(b,8);                                      //H
   for(i=6;i<10;i ++)                                 //I
        s+=b[i];                                      //J
   printf("%d\n",s);                                  //K
}                                                     //L
```

(1) 函数 reverse 的功能是________________。

(2) H 行的函数调用语句中实参是______________,对应的形参是______________。

(3) 程序语句行执行顺序为________________。

(4) 程序执行结果为________________。

(5) 若 H 行改为 reverse(b,5),程序的运行结果是________________。

三、单项练习

1. 下列说法中错误的是(　　)。
   A. 一个数组只允许存储同种类型的变量
   B. 如果在对数组进行初始化时,给定的数据元素个数比数组元素个数少时,多余的数组元素会被自动初始化为最后一个给定元素的值
   C. 数组的名称其实是数组在内存中的首地址
   D. 当数组名作为参数被传递给某个函数时,原数组中的元素的值可能被修改

2. 数组名作为实参数传递给函数时,数组名被处理为(　　)。
   A. 该数组的长度　　　　B. 该数组的元素个数
   C. 该数组的首地址　　　D. 该数组中各元素的值

3. 有以下程序:
```
#include <stdio. h>
void fun( int a, int b)
{  int t;
   t=a; a=b; b=t;
}
void main()
{  int c[10]={1,2,3,4,5,6,7,8,9,0}, i;
   for(i=0;i<10;i+=2) fun(c[i], c[i+1]);
   for(i=0;i<10;i ++) printf("%d,",c[i]);
   printf("\n");
```

```
}
```

程序的运行结果是(　　)。

A. 1,2,3,4,5,6,7,8,9,0　　B. 2,1,4,3,6,5,8,7,0,9

C. 0,9,8,7,6,5,4,3,2,1　　D. 0,1,2,3,4,5,6,7,8,9

4. 有以下程序：

```
#include <stdio.h>
int fun(char s[])
{  int n=0;
   while(*s<='9'&&*s>='0')
   {  n=10*n+*s-'0';s++;}
   return(n);
}
void main()
{  char  s[10]={'6','1','*','4','9','*','0','*'};
   printf("%d\n",fun(s));
}
```

程序的运行结果是(　　)。

A. 9　　B. 61490　　C. 61　　D. 5

5. 以下程序中函数 f 的功能是：当 flag 为 1 时，进行由小到大排序；当 flag 为 0 时，进行由大到小排序。

```
#include <stdio.h>
void f(int b[],int n,int flag)
{  int i,j,t;
   for(i=0;i<n-1;i++)
      for(j=i+1;j<n;j++)
         if(flag? b[i]>b[j]:b[i]<b[j])
         {  t=b[i];b[i]=b[j];b[j]=t;}
}
void main()
{  int a[10]={5,4,3,2,1,6,7,8,9,10},i;
   f(&a[2],5,0);
   f(a,5,1);
   for(i=0;i<10;i++)
      printf("%d,",a[i]);
}
```

程序运行后的输出结果是(　　)。

A. 1,2,3,4,5,6,7,8,9,10,　　B. 3,4,5,6,7,2,1,8,9,10,

C. 5,4,3,2,1,6,7,8,9,10,　　D. 10,9,8,7,6,5,4,3,2,1,

6. 有以下程序：

```
#include <stdio.h>
void f(int b[])
{  int i;
```

```
    for (i=2;i<6;i++)
        b[i]*=2;
}
void main()
{   int a[10]={1,2,3,4,5,6,7,8,9,10}, i;
    f(a);
    for(i=0;i<10;i++)
        printf("%d,",a[i]);
}
```

程序运行后的输出结果是(　　)。

A. 1,2,3,4,5,6,7,8,9,10,　　B. 1,2,6,8,10,12,7,8,9,10,

C. 1,2,3,4,10,12,14,16,9,10,　　D. 1,2,6,8,10,12,14,16,9,10,

四、程序练习

1. 修改程序

下面程序中均有 3 处错误,阅读程序并上机调试,不增加程序代码行,修改程序,使程序能够正确运行。

(1) 功能:计算数组元素中值为正数的平均值(不包括 0,0 为结束标记)。例如,数组中元素的值依次为 39,－47,21,2,－8,15,0,则程序的运行结果为 19.250000。

```
#include <stdio.h>
double fun(int s[])
{
    double sum=0.0;
    int c=0,i=0;
    while(s[i]=0)
    {
        if (s[i]>0)
        {
            sum+=s[i];
            c++;
        }
        i++;
    }
    sum/=c;
    return c;
}
void main()
{
    int x[1000];int i=0;
    do
```

```
    {
        scanf("%d",&x[i]);
        }while(x[i++]! =0);
        printf("%f\n",fun(x[]));
}
```

(2) 求一个3行4列矩阵的外框的元素值之和。注意:矩阵四个角上的元素不能重复加。

例如,矩阵元素为1,2,3,4,5,6,7,8,9,10,11,12时,四框元素值之和应为65。

```
#include <stdio.h>
int fun(int a[3][4],int m,int n)
{
    int i,j,s,s1=0,s2=0,s3=0,s4=0;
    for(j=0;j<n;j++)
    {
        s1=s1+a[0][j];
        s2=s2+a[m][j];
    }
    for(i=0;i<m;i++)
    {
        s3=s3+a[i][0];
        s4=s4+a[i][n-1];
    }
    s=s1-s2-s3-s4;
    return s;
}
void main()
{
    int a[3][4]={1,2,3,4,5,6,7,8,9,10,11,12};
    printf("total=%d\n",fun(a,3,4));
}
```

(3) 实现两个字符串的连接。例如,输入dfdfqe和12345时,则输出dfdfqe12345.

```
#include <stdio.h>
void scat(char s1,char s2[])
{
    int i=0,j=0;
    while(s1[i]! ='\0')
        i++;
    while(s2[j]= ='\0')
    {
        s1[i]=s2[j];
        i++;
        j++;
```

```
    }
    s2[i]='\0';
}
void main()
{
    char s1[80],s2[80];
    gets(s1);
    gets(s2);
    scat(s1,s2);
    puts(s1);
}
```

2. 完善程序

下面程序均不完整,阅读程序并上机调试,不增加程序代码行,完善程序,使程序能够正确运行。

(1) 数组名作为函数参数,求5个学生的平均成绩。

```
#include <stdio.h>
float aver(float a[])
{
    int i;
    float av,s=a[0];
    for(i=1;i<5;i++)
        ________;
    av=s/5;
    return ________;
}
void main()
{
    float sco[5],av;
    int i;
    printf("\ninput 5 scores:\n");
    for(i=0;i<5;i++)
        scanf("%f",&sco[i]);
    av=aver(________);
    printf("average score is %5.2f\n",av);
}
```

(2) 用"起泡法"对连续输入的10个字符排序后按从小到大的次序输出。

```
#include <stdio.h>
#include <string.h>
#define N 10
void sort(________)
{
```

```
    int i,j;
    char t;
    for(j=1;j<N;j ++)
        for(i=0;i<N-j;i ++)
            if(________)
            {
                t=str[i];
                str[i]=str[i+1];
                str[i+1]=t;
            }
}
void main( )
{
    int i;
    char  str[N];
    for(i=0;i<N;i ++)
    scanf("%c",________);
    sort(str);
    for(i=0;i<N;i ++)
        printf("%c",str[i]);
    printf("\n");
}
```

(3) 在键盘上输入一个3行3列矩阵的各个元素的值(值为整数),输出矩阵第一行与第三行元素之和。

```
#include <stdio.h>
int fun(int a[3][3])
{
    int i,j,sum;
    sum=0;
    for(i=0;i<3;________)
        for(j=0;j<3;j ++)
        ________;
    return sum;
}
void main()
{
    int i,j,s,a[3][3];;
    for(i=0;i<3;i ++)
        for(j=0;j<3;j ++)
            scanf("%d",&a[i][j]);
    s=________;
    printf("和=%d\n",s);
}
```

3. 编写程序

(1) 编写程序,求矩阵(3 行 3 列)与 2 的乘积。要求:二维数组的值在主函数中赋予,被调用函数实现功能,在主函数中输出。

例如,输入下面的矩阵:

100 200 300
400 500 600
700 800 900

程序输出:

200　400　600
800　1000 1200
1400 1600 1800

(2) 编写程序求出二维数组周边元素之和,作为函数值返回。二维数组的值在主函数中赋予。要求:不加重复元素。

(3) 请编一个函数 void fun(int tt[M][N],int pp[N]),tt 指向一个 M 行 N 列的二维数组,求出二维数组每列中最小元素,并依次放入 pp 所指一维数组中。二维数组中的数在主函数中赋予。

(4) 编写程序求小于 lim 的所有素数并放在 aa 数组中,该函数返回所求出素数的个数。

(5) 编写程序求一个给定字符串中的字母的个数。要求:统计个数由函数实现,字母包括大小写字母。

(6) 编写程序用函数求一批数中小于平均值的数的个数。

(7) 编写程序用函数求一批数中最大值和最小值的差。

五、拓展练习

1. 有以下程序:

```
#include <stdio.h>
int f(int b[][4])
{   int i,j,s=0;
    for(j=0;j<4;j++)
    {   i=j;
        if(i>2) i=3-j;
        s+=b[i][j];
    }
    return s;
}
void main( )
{   int a[4][4]={{1,2,3,4},{0,2,4,5},{3,6,9,12},{3,2,1,0}};
    printf("%d\n",f(a) );
}
```

执行后的输出结果是(　　)。

A. 12　　B. 11

C. 18　　D. 16

2. 有以下程序：

```
#include <stdio.h>
int fun(char s[])
{   int n=0;
    while( *s<='9'&& *s>='0')
    {   n=10*n+ *s-'0';s ++;}
    return(n);
}
void main()
{   char  s[10]={'6','1','*''4','9','*','0','*'};
        printf("%d\n",fun(s));
}
```

程序的运行结果是(　　)。

A. 9　　B. 61490

C. 61　　D. 5

3. 程序改错:用选择法对数组中的 n 个元素按从小到大的顺序进行排序。

```
#include <stdio.h>
#define N 20
void fun(int a[], int n)
{

    int i, j, t, p;
    for (j = 0;j < n-1;j ++)
    {
    /*********** FOUND ***********/
        p = j;
        for (i = j;i < n; i ++)
    /*********** FOUND ***********/
            if(a[i] >a[p])
        /*********** FOUND ***********/
                p=j;
        t = a[p];
        a[p] = a[j];
        a[j] = t;
    }
}
void main()
{
    int a[N]={9,6,8,3,-1},i, m = 5;
    printf("排序前的数据:");
    for(i = 0;i < m;i ++)
```

```
        printf("%d ",a[i]);
    printf("\n");
    fun(a,m);
    printf("排序后的数据:");
    for(i = 0;i < m;i ++)
        printf("%d ",a[i]);
    printf("\n");
}
```

4. 请编一个函数 void fun(int tt[M][N],int pp[N]),tt 指向一个 M 行 N 列的二维数组,求出二维数组每行中最大元素,并依次放入 pp 所指一维数组中。二维数组中的数已在主函数中赋予。

5. 请编写程序,用函数求大于 lim(lim 小于 100 的整数)并且小于 100 的所有素数并放在 aa 数组中,该函数返回所求出素数的个数。

6. 编写程序用函数求一组数中大于平均值的数的个数。

7. 编写程序用函数找出一批正整数中的最大的偶数。

8. 编写程序用函数求一个 N 阶方阵右下三角元素的和(包括副对角线上的元素)。

9. 给定 n 个数据,编写程序用函数求最大值出现的位置(如果最大值出现多次,求出第一次出现的位置即可)。

实训十三　指针与函数

一、知识点巩固

1. 指针就是________,指针变量就是存放________的变量。
2. 若有定义 int *p,a;p=&a;*p=3;,则 p 指向________,*p 是________。
3. 指针变量分配________个字节的内存单元。
4. 指针作函数参数,传递的是________。

二、程序分析

阅读程序并上机调试,回答以下问题。

1.
```
#include <stdio.h>
void fun(int *p,int *q);              //A
void main()                           //B
{                                     //C
    int m=1,n=2,*r=&m;                //D
    fun(r,&n);                        //E
    printf("%d,%d",m,n);              //F
}                                     //G
void fun(int *p,int *q)               //H
{                                     //I
    p=p+1;                            //J
    *q=*q+1;                          //K
}                                     //L
```

(1) 程序由________函数和________函数组成。A 行语句的作用________。函数实参是________,函数形参是________。

(2) 函数实参 r 向形参 p 传递的是________,函数实参 &n 向形参 q 传递的是________。

(3) J 行的作用________,K 行 *q 的作用________。

(4) 程序语句行执行顺序为________。

(5) 程序的运行结果为________。

(6) 总结:指针作函数参数,可以改变主函数中变量的值。

2.
```
#include <stdio.h>
void fun(int *a,int *b)
```

```
{
    int *c;
    c=a;a=b;b=c;
}
void main()
{
    int x=3,y=5,*p=&x,*q=&y;
    fun(p,q);
    printf("%d,%d\n",*p,*q);
}
```

(1) fun 函数类型为____________,函数实参是________,函数形参是________。

(2) 实参向形参传递的是______________。

(3) 程序的运行结果______________。

3.
```
#include <stdio.h>
void fun(int *a,int *b)
{
    int c;
    c=*a;*a=*b;*b=c;
}
void main()
{
    int x=3,y=5,*p=&x,*q=&y;
    fun(p,q);
    printf("%d,%d,",*p,*q);
}
```

(1) fun 函数的功能____________,函数实参是________,函数形参是________。

(2) 实参向形参传递的是______________。

(3) 程序的运行结果______________。

三、单项练习

1. 执行下列语句后的结果为(　　)。

```
int x=3,y;
int *px=&x;
y=(*px)++;
```

A. x=3,y=4　　　　B. x=4,y=3

C. x=4,y=4　　　　D. x=3,y 不知

2. 若有 int i=3,*p;p=&i;,下列语句中输出结果为 3 的是(　　)。

A. printf("%d",&p);　　　　B. printf("%d",*i);

C. printf("%d",*p);　　　　D. printf("%d",p);

3. 有定义 char *p1,*p2;,则下列表达式中正确合理的是(　　)。

A. p1/=5　　B. p1 * =p2　　C. p1=&p2　　D. p1+=5

4. 设 int a=3;int *p=&a;(*p)++;,则 a 的值为(　　)。

A. 3　　B. 4　　C. 2　　D. 随机数

5. 关于指针概念说法不正确的是(　　)。

A. 一个指针变量只能指向同一类型变量

B. 一个变量的地址称为该变量的指针

C. 只有同一类型变量的地址才能放到指向该类型变量的指针变量之中

D. 指针变量可以由整数赋值,不能用浮点赋值

6. 变量的指针,其含义是指该变量的(　　)。

A. 值　　B. 地址　　C. 名　　D. 一个标志

7. 若定义 int a=511, *b=&a;, 则 printf("%d\n", *b);的输出结果为(　　)。

A. 无确定值　　B. a 的地址

C. 512　　D. 511

8. 以下代码段,执行后的输出是(　　)。

```
#include <stdio.h>
void fun(int m, int n, int p, int *q)
{   p=m+n;
    *q=m-n;
}
void main()
{   int x=2,y=3,a=0,b=0;
    fun(x,y,a,&b);
    printf("%2d%2d\n",a,b);
}
```

A. 5 1　　B. 0-1　　C. -1 5　　D. -1 0

9. 有以下程序:

```
#include <stdio.h>
void main()
{   int n, *p=NULL;
    *p=&n;
    printf("Input n. ");   scanf("%d",&p);
    printf("output n. ");   printf("%d\n",p);
}
```

该程序试图通过指针 p 为变量 n 读入数据并输出,但程序有多处错误,以下语句正确的是(　　)。

A. int n, *p=NULL;　　B. *p=&n;

C. scanf("%d",&p);　　D. printf("%d\n",p);

10. 有以下程序:

```
#include <stdio.h>
#include <stdlib.h>
void main()
```

```
{   int *a, *b, *c;
    a=b=c=(int *)malloc(sizeof(int));
    *a=1; *b=2; *c=3;
    a=b;
    printf("%d,%d,%d\n", *a, *b, *c);
}
```

程序运行后的输出结果是(　　)。

A. 3,3,3　　B. 2,2,3　　C. 1,2,3　　D. 1,1,3

四、程序练习

1. 修改程序

下面程序中均有 3 处错误,阅读程序并上机调试,不增加程序代码行,修改程序,使程序能够正确运行。

(1) 求两数平方根之和,作为函数值返回。例如:输入 12 和 20,输出结果是:y = 7.936238。

```
#include <stdio.h>
#include <math.h>
double fun (double *a, *b)
{
    double c;
    c = sqrt(a)+sqrt(b);
    return a;
}
void main ( )
{
    double a, b, y;
    printf ( "Enter a & b:");
    scanf ("%lf%lf", &a, &b );
    y = fun (&a, &b);
    printf ("y = %f \n", y );
}
```

(2) 将长整型数中每一位上为偶数的数依次取出,构成一个新数放在 t 中。高位仍在高位,低位仍在低位。例如,当 s 中的数为:87654 时,t 中的数为:864。

```
#include <stdio.h>
void fun (long s, long *t)
{
    int d;
    long sl=1;
    t = 0;
```

```
        while ( s>0)
        {
            d = s%10;
            if(d%2=0)
            {
                *t=d*sl+*t;
               sl*=10;
            }
            s/=10;
        }
    }
    void main()
    {
        long s, t;
        printf("\nPlease enter s:");
        scanf("%ld", &s);
        fun(s, t);
        printf("The result is: %ld\n", t);
    }
```

(3) 把两个数按由大到小的顺序输出。

```
    #include <stdio.h>
    void swap( int *p1, *p2)
    {
        int p;
        p= *p1;
        *p1= *p2;
        *p2=p;
    }
    void main( )
    {
        int a,b, *p, *q;
        printf("input a b:");
        scanf("%d%d",&a,&b);
        p=a;
        q=&b;
        if(a<b)
            swap(p,q);
        printf("a=%d,b=%d\n",a,b);
        printf("max=%d,min=%d\n",p,q);
    }
```

2. 完善程序

下面程序均不完整,阅读程序并上机调试,不增加程序代码行,完善程序,使程序能够正确运行。

(1) 判断两个指针所指存储单元中的值的符号是否相同,若相同函数返回 1,否则返回 0。这两个存储单元中的值都不为 0。

```
#include <stdio.h>
int fun ( double *a,________ )
{
    if ( ________ > 0.0 )
        return 1;
    else
    ________;
}
void main( )
{
    double n,m;
    printf ("Enter n, m: ");
    scanf ("%lf%lf", &n, &m );
    printf( "\nThe value of function is: %d\n", fun (&n,&m) );
}
```

(2) 功能:求两个数的乘积和商数,并通过形参返回调用程序。

例如,输入:61.82 和 12.65,输出:c = 782.023000　d = 4.886957。

```
#include <stdio.h>
void fun ( double a, double b, double *x, double *y )
{
    ______ = a * b;
    ______ = a / b;
}
void main ( )
{
    double a, b, c, d;
    printf ( "Enter a, b: ");
    scanf ( "%lf%lf", &a, &b );
    fun ( a, b, &c, &d );
    printf (" c = %f d = %f\n ", c, d );
}
```

(3) 将两个两位数的正整数 a,b 合并形成一个整数放在 c 中。合并的方式是:将 a 数的十位和个位数依次放在 c 数的个位和百位上,b 数的十位和个位数依次放在 c 数的十位和千位上。例如:当 a=45,b=12,调用该函数后,c=2514。

```
#include <stdio.h>
________fun(int a, int b, long *c)
{
    ________=a/10+a%10*100+b/10*10+b%10*1000;
}
```

```
    void main()
    {
        int a,b;
        long c;
        printf("input a, b:");
        scanf("%d%d", &a, &b);
        fun(a, b, &c);
        printf("The result is: ________\n", c);
    }
```

3. 编写程序

(1) 编写函数 void fun(int ＊a,int ＊b)用指针实现两个数据的交换,在主函数中输入任意三个数据,调用函数对这三个数据从大到小排序。

(2) 编写函数 void fun(int a, int b, long ＊c)将两个两位数的正整数 a,b 合并形成一个整数放在 c 中。合并的方式是:将 a 数的十位和个位数依次放在 c 数的千位和十位上,b 数的十位和个位数依次放在 c 数的个位和百位上。例如,当 a=45,b=12,调用该函数后,c=4251。

五、拓展练习

1. 以下定义语句中正确的是(　　)。

   A. char a='A'b='B';　　　　B. float a=b=10.0;

   C. int a=10,＊b=&a;　　　　D. float ＊a,b=&a;

2. 以下叙述中正确的是(　　)。

   A. 如果企图通过一个空指针来访问一个存储单元,将会得到一个出错信息

   B. 即使不进行强制类型转换,在进行指针赋值运算时,指针变量的基类型也可以不同

   C. 指针变量之间不能用关系运算符进行比较

   D. 设变量 p 是一个指针变量,则语句 p=0;是非法的,应该使用 p=null

3. 有如下程序:

```
#include <stdio.h>
#include <stdlib.h>
int fun(int n)
{   int *p;
    p=(int *)malloc(sizeof(int));
    *p=n;
    return *p;
}
void main()
{   int a;
    a = fun(10);
```

```
    printf("%d\n",a+fun(10));
}
```

程序运行的结果是( )。

A. 0　　B. 10　　C. 出错　　D. 20

4. 以下程序的输出结果是( )。

```
#include <stdio.h>
#include <stdlib.h>
void main()
{   int *s1,*s2,m;
    s1=s2=(int *)malloc(sizeof(int));
    *s1=25;
    *s2=20;
    m=*s1+*s2;
    printf("%d\n",m);
}
```

A. 45　　B. 50　　C. 40　　D. 0

5. 设已有定义:float x;,则以下对指针变量 p 进行定义且赋初值的语句中正确的是( )。

A. float *p=1024;　　B. int *p=(float)x;

C. float p=&x;　　D. float *p=&x;

6. 下列关于指针定义的描述,( )是错误的。

A. 指针是一种变量,该变量用来存放某个变量的地址值的

B. 指针是一种变量,该变量用来存放某个变量的值

C. 指针变量的类型与它所指向的变量类型一致

D. 指针变量的命名规则与标识符相同

7. 若有说明 int n=2,*p=&n,*q=p;,则以下非法的赋值语句是( )。

A. p=q;　　B. *p=*q;

C. n=*q;　　D. p=n;

8. 若有说明 int *p1,*p2,m=5,n;,以下均是正确赋值语句的选项是( )。

A. p1=&m;p2=&p1　　B. p1=&m;p2=&n;*p1=*p2;

C. p1=&m;p2=p1;　　D. p1=&m;*p2=*p1;

9. 程序改错:将长整型数中每一位上为奇数的数依次取出,构成一个新数放在 t 中。高位仍在高位,低位仍在低位。例如,当 s 中的数为:87653142 时,t 中的数为:7531。

```
#include <stdio.h>
void fun (long s, long *t)
{
    int d;
    long sl=1;
/*********** FOUND ***********/
    t = 0;
    while ( s > 0)
```

```
    {
        d = s%10;
    /**********FOUND**********/
        if (d%2 == 0)
        {
            *t = d * sl + *t;
            sl *= 10;
        }
    /**********FOUND**********/
        s \= 10;
    }
}
void main()
{
    long s, t;
    printf("\nPlease enter s:"); scanf("%ld", &s);
    fun(s, &t);
    printf("The result is: %ld\n", t);
}
```

实训十四　指针与数组

一、知识点巩固

1. int *p,a[10],i;

p=a;

(1) p 指向数组中的________元素。p+1 指向同一数组中的________元素。

(2) p+i 和 a+i 就是 a[i]的________,或者说它们指向 a 数组的第 i 个元素。

(3) *(p+i)或*(a+i)就是 p+i 或 a+i 所指向的________,即________。

(4) 指向数组的指针变量也可以带下标,如________与*(p+i)等价。

2. int a[3][4]={{0,1,2,3},{4,5,6,7},{8,9,10,11}}

int (*p)[4];

p=a;

(1) *(p+i)+j 表示 a[i][j]的________。

(2) *(*(p+i)+j) 表示 a[i][j]的________。

二、程序分析

阅读程序并上机调试,回答以下问题。

1.
```
#include <stdio.h>
void main()
{   int a[]={0,1,2,3,4,5,6,7,8,9,10,11,12}, *p=a+7, *q=a;
    *q= *(p+3);
    printf("%d %d\n", *p, *q);
}
```

(1) a+7 表示________,p 指向________,q 指向________。

(2) p+3 表示________,*(p+3)表示________。

(3) 程序运行结果____________。

2.
```
#include <stdio.h>
define N 10
void reverse( int *b, int n )
{
     int t;
     int *p = b+n-1;
```

```
    while(b<p)
    {
        t=*b; *b=*p; *p=t;            //A
        b++; p--;
    }
}
void main()
{
    int a[N]={1, 2, 3, 4, 5, 6, 7, 8, 9, 10}, i;
    reverse(a, N);                    //B
    for(i=0; i<N; i++)
        printf("%d\t", a[i]);
        printf("\n");
}
```

(1) reverse 函数的形参 b 指向________,p 指向________。

(2) b++作用________,p++作用________。

(3) A 行能将 * b 改为 b, * p 改为 p 吗? ________。

(4) 程序运行结果________________。

(5) B 行改为 reverse(a+3, N),程序运行结果________________。

三、单项练习

1. 若有以下定义和语句:int a[10]={1,2,3,4,5,6,7,8,9,10}, * p=a;,不能表示 a 数组元素的表达式是(　　)。

A. * p　　B. a[9]　　C. * p++　　D. a[* p-a]

2. 当调用函数时,实参是一个数组名,则向函数传送的是(　　)。

A. 数组的长度　　B. 数组的首地址

C. 数组每一个元素的地址　　D. 数组每个元素中的值

3. int a[10]={1,2,3,4,5,6,7,8};int * p;p=&a[5];p[-3]的值是(　　)。

A. 2　　B. 3　　C. 4　　D. 不一定

4. 若有 double * p,x[10];int i=5;,使指针变量 p 指向元素 x[5]的语句为(　　)。

A. p=&x[i];　　B. p=x;

C. p=x[i];　　D. p=&(x+i)

5. 若有 int a[10]={0,1,2,3,4,5,6,7,8,9}, * p=a;,则输出结果不为 5 的语句为(　　)。

A. printf("%d", * (a+5));　　B. printf("%d",p[5]);

C. printf("%d", * (p+5));　　D. printf("%d", * p[5]);

6. 经过下列的语句 int j,a[10], * p;定义后,下列语句中合法的是(　　)。

A. p=p+2;　　B. p=a[5];

C. p=a[2]+2;　　D. p=&(j+2);

7. 若有说明 int a[4][4];,则访问数组中下标为 i,j 的元素 a[i][j]的表达式是(　　)。

A. *(a+i)+j　　B. a[i]+j

C. *(*(a+i)+j)　　D. &a[i][0]+j

8. 有以下程序:

```
void main()
{  int i,s=0,t[]={1,2,3,4,5,6,7,8,9};
   for(i=0;i<9;i+=2)
       s+=*(t+i);
   printf("%d\n",s);
}
```

程序执行后的输出结果是(　　)。

A. 45　　B. 20　　C. 25　　D. 36

9. 有以下程序:

```
void main()
{  int a[]={2,4,6,8,10}, y=0, x, *p;
   p=&a[1];
   for(x=1; x<3; x++)
       y+=p[x];
   printf("%d\n",y);
}
```

程序运行后的输出结果是(　　)。

A. 10　　B. 11　　C. 14　　D. 15

10. 若有以下函数首部 int fun(double x[10],int *n) 则下面针对此函数的函数声明语句中正确的是(　　)。

A. int fun(double x,int *n);　　B. int fun(double,int)

C. int fun(double *x,int n);　　D. int fun(double*, int*);

11. 下列程序执行后的输出结果是(　　)。

```
void func(int *a,int b[])
{  b[0]=*a+6; }
void main()
{  int a,b[5];
   a=0;
   b[0]=3;
   func(&a,b);
   printf("%d\n",b[0]);
}
```

A. 6　　B. 7　　C. 8　　D. 9

12. 若有函数

```
void fun(double a[], int *n)
{………}
```

以下叙述中正确的是(　　)。

A. 调用fun函数时只有数组执行按值传送,其他实参和形参之间执行按地址传送

B. 形参a和n都是指针变量

C. 形参a是一个指针数组名,n是指针变量

D. 调用fun函数时将把double型实参数组元素一一对应地传送给形参a数组

13. 有以下程序:

```
#include <stdio.h>
void main()
{   int a,b,k,m,*p1,*p2;
    k=1,m=8;
    p1=&k,p2=&m;
    a=/*p1-m;
    b=*p1+*p2+6;
    printf("%d  ",a);
    printf("%d\n",b);
}
```

编译时编译器提示错误信息,你认为出错的语句是(　　)。

A. a=/*p1-m;　　B. b=*p1+*p2+6;

C. k=1,m=8;　　D. p1=&k,p2=&m;

14. 有以下程序:

```
#include <stdio.h>
#include <stdlib.h>
void fun( double *p1,double *p2,double *s)
{   s=(double*)calloc( 1,sizeof(double) );
    *s=*p1+*(p2+1);
}
void main()
{   double  a[2]={1.1,2.2},b[2]={10.0,20.0},*s=a;
    fun(a,b,s);
    printf("%5.2f\n", *s);
}
```

程序的输出结果是(　　)。

A. 21.10　　B. 1.10

C. 12.10　　D. 11.10

四、程序练习

1. 修改程序

下面程序中均有2处错误,阅读程序并上机调试,不增加程序代码行,修改程序,使程序能够正确运行。

(1) 函数 fun 的功能是:假定整数数列中的数不重复,删除数列中值为 x 的元素。变量 n 中存放数列中元素的个数。

```
#include <stdio.h>
#define N 20
int fun(int a,int n,int x)
{   int p=0,i;
    a[n]=x;
    while( x! =a[p] )
        p=p+1;
    if(p==n)
        return -1;
    else
    {  for(i=p;i<n-1;i ++)
           a[i+1]=a[i];
        return n-1;
    }
}
void main()
{   int w[N]={-3,0,1,5,7,99,10,15,30,90},x,n,i;
    n=10;
    printf("The original data:\n");
    for(i=0;i<n;i ++)
        printf("%5d",w[i]);
    printf("\nInput x (to delete):");
    scanf("%d",&x);
    printf("Delete   :  %d\n",x);
    n=fun(w,n,x);
    if ( n==-1 )
       printf(" *** Not be found!  *** \n\n");
    else
    {   printf("The data after deleted:\n");
        for(i=0;i<n;i ++)
            printf("%5d",w[i]);
        printf("\n\n");
    }
}
```

(2) 用指针作函数参数,编程序求一维数组中的最大和最小的元素值。

运行结果:ax=35,min=-16

```
#include <stdio.h>
#define N 10
void maxmin(int arr[ ],int *pt1, *pt2, n)
{
```

```
    int i;
    pt1=pt2=arr[0];
    for(i=1;i<n;i++)
    {
        if(arr[i]>*pt1)    *pt1=arr[i];
        if(arr[i]<*pt2)    *pt2=arr[i];
    }
}
void main( )
{
    int array[N]={10,7,19,29,4,0,7,35,-16,21},*p1,*p2,a,b;
    p1=&a;
    p2=&b;
    maxmin(array,p1,p2,N);
    printf("max=%d,min=%d\n",a,b);
}
```

(3) 功能:求出a所指数组中最大数和次最大数(规定最大数和次最大数不在a[0]和a[1]中),依次和a[0],a[1]中的数对调。

例如,数组中原有的数:7,10,12,0,3,6,9,11,5,8,

输出的结果为:12,11,7,0,3,6,9,10,5,8。

```
#include <stdio.h>
#define N 20
void fun ( int *a, int n )
{
    int k,m1,m2,max1,max2,t;
    max1=max2= -32768;
    m1=m2=0;
    for ( k =0; k<n; k ++ )
        if (a[k]>max1)
        {
            max2 = max1;
            m1= m2;
            max1 = a[k];
            m1 = k;
        }
        else if( a[k]>max2)
        {
            max2 = a[k];
            m2 = k;
        }
    t=a[0];
    a[0]=a[m1];
```

```
        a[m1]=t;
        t = a[1];
        a[1]=a[m2];
        a[m2] = t;
    }
    void main( )
    {
        int b[N]={7,10,12,0,3,6,9,11,5,8}, n=10, i;
        for ( i =0; i<n; i ++)
            printf("%d ",b[i]);
        printf("\n");
        fun (b[], n);
        for ( i=0; i<n; i ++ )
            printf("%d ",b[i]);
        printf("\n");
    }
```

2. 完善程序

下面程序均不完整,阅读程序并上机调试,不增加程序代码行,完善程序,使程序能够正确运行。

(1) 函数 fun 的功能是:输出 a 所指数组中的前 n 个数据,要求每行输出 5 个数。

```
#include <stdio.h>
#include <stdlib.h>
void fun( int *a, int n )
{   int i;
    for(i=0; ________; i ++)
    {
        if(________ )
            printf("\n ");
        printf("%d", a[i]);
    }
}
void main()
{   int a[100]={0},i,n;
    n=22;
    for(i=0; i<n;i ++)
        a[i]=rand()%21;              //rand 产生随机数
    fun(________);
    printf("\n");
}
```

(2) 功能:求出数组中最大数和次最大数,并把最大数和 a[0]中的数对调、次最大数和 a[1]中的数对调。

```
#include <conio.h>
#include <stdio.h>
#define N 20
void fun ( int *a, int n )
{
    int i, m, t, k;
    for(i=0;i<2;i ++)
    {
        m=______;
        for(______;k<n;k ++)
            if(a[k]>a[m])
                k=m;
        t=a[i];a[i]=a[m];a[m]=t;
    }
}
void main( )
{
    int b[N]={11,5,12,0,3,6,9,7,10,8}, n=10, i;
    for ( i=0; i<n; i ++ )
        printf("%d ", b[i]);
    printf("\n");
    fun (______, n );
    for ( i=0; i<n; i ++ )
        printf("%d ", b[i]);
    printf("\n");
}
```

(3) 删除 w 所指数组中下标为 k 的元素中的值。程序中,调用了 getindex、arrout 和 arrdel 三个函数。getindex 用以输入所删元素的下标,函数中对输入的下标进行检查,若越界,则要求重新输入,直到正确为止;arrout 用以输出数组中的数据;arrdel 进行所要求的删除操作。

```
#include <stdio.h>
#define NUM 10
void arrout ( int *w, int m )
{
    int k;
    for (k = 0; k < m; k ++)
        printf ("%d ",w[k]);
    printf ("\n");
}
int arrdel ( int *w, int n, int k )
{
    int i;
```

```
    for ( i = k; i < n-1; i++ )
        ________;
    n--;
    return n;
}
int getindex( int n )
{   int i;
    do
    {   printf("\nEnter the index [ 0<= i< %d ]. ", n );
        scanf ("%d",&i );
    } while( i < 0 || i > n-1 );
    ________;
}
void main( )
{   int n, d, a[NUM]={21,22,23,24,25,26,27,28,29,30};
    n = NUM;
    printf ("Output primary data:\n");
    arrout ( a, n );
    d = getindex( n );
    n = arrdel (________, n, d );
    printf ("Output the data after delete:\n");
    arrout( a, n );
}
```

3. 编写程序

(1) 编写程序,使用指针将数组中的数据逆序存放。

(2) 编写程序,使用指针求数组中的最大值。

(3) 编写函数 void fun (int a[], int ＊n),其功能是:求出 1～1000 之间能被 7 或 11 整除,但不能同时被 7 和 11 整除的所有整数,并将其放在 a 数组中,通过 n 返回这些数的个数。共有 208 个数。

(4) 编写函数 void reverse(int ＊x, int n)将数组 a 中的 n 个元素逆序存储。在主函数中调用 reverse 函数,然后输出逆序后的数组元素。

五、拓展练习

1. 下列程序执行后的输出结果是(　　)。

```
void func(int *a,int b[])
{   b[0]= *a+6; }
void main()
{   int a,b[5];
    a=0;
```

```
    b[0]=3;
    func(&a,b);
    printf("%d\n",b[0]);
}
```

A. 6
B. 7
C. 8
D. 9

2. 下面程序的输出结果是(　　)。

```
void main()
{   int a[10]={1,2,3,4,5,6,7,8,9,10}, *p=a;
    printf("%d\n", *(p+2));
}
```

A. 4
B. 1
C. 2
D. 3

3. 有以下程序：

```
void point(char *p)
{
    p+=3;
}
void main()
{   char b[4]={'a','b','c','d'}, *p=b;
    point(p);
    printf("%c\n", *p);
}
```

程序运行后的输出结果是(　　)。

A. a
B. b
C. c
D. d

4. int a[10]={0};int *p=a; int *q=&a[5];,则 q-p 的值是(　　)。

A. 5
B. 4
C. 6
D. 0

5. 已知 p,p1 为指针变量,a 为数组名,j 为整型变量,下列赋值语句中不正确的是(　　)。

A. p=&j,p=p1;
B. p=a;
C. p=&a[j];
D. p=10;

6. 若有如下定义和语句,且 0<=i<5,下面(　　)是对数值为 3 数组元素的引用。

```
int a[]={1,2,3,4,5}, *p,i;
p=a;
```

A. *(a+2)
B. a[p-3]
C. p+2
D. a+3

7. 若有定义 int a[10], *p=a;,则 p+5 表示(　　)。

A. 元素 a[5]的地址
B. 元素 a[5]的值
C. 元素 a[6]的地址
D. 元素 a[6]的值

8. 若有以下定义和语句

int a[10]={1,2,3,4,5,6,7,8,9,10}，*p=a;

不能表示 a 数组元素的表达式是(　　)。

A. *p　　　　B. a[9]

C. *p++　　　　D. a[*p-a]

9. 与实际参数为实型数组名相对应的形式参数不可以定义为(　　)。

A. float　a[];　　　　B. float *a;

C. float a;　　　　D. float (*a)[3];

10. 若有下列定义，则对 a 数组元素地址的正确引用是(　　)。

int a[5], *p=a;

A. &a[5]　　　　B. p+2

C. a++　　　　D. &a

11. 程序改错：从 m 个学生的成绩中统计出高于和等于平均分的学生人数，此人数由函数值返回。平均分通过形参传回，输入学生成绩时，用-1 结束输入，由程序自动统计学生人数。

例如，若输入 8 名学生的成绩，输入形式如下：80.5 60 72 90.5 98 51.5 88 64 -1

结果为：The number of students：4　Ave = 75.56。

```
#include <stdio.h>
#define N 20
int fun ( float *s, int n, float *aver )
{
    float av, t; int count, i;
    count = 0; t=0.0;
    for ( i = 0; i < n; i++ ) t += s[ i ];
    av = t / n;
    printf( "ave =%f\n",av );
    for ( i=0; i<n; i++ )
/**********FOUND**********/
        if (s[i]<av)
            count++;
/**********FOUND**********/
    aver = av;
/**********FOUND**********/
    return av;
}
void main()
{
    float a, s[30], aver;
    int m = 0;
    printf ( "\nPlease enter marks ( -1 to end):\n ");
    scanf("%f",&a );
```

```
        while( a>0 )
        {
            s[m] = a;
            m++;
            scanf ( "%f", &a );
        }
        printf( "\nThe number of students: %d\n", fun ( s, m, &aver ));
        printf( "Ave = %6.2f\n",aver );
    }
```

12. 程序改错:删除字符串 s 中的所有空白字符(包括 Tab 字符、回车符及换行符)。输入字符串时用'#'结束输入。

```
    #include <string.h>
    #include <stdio.h>
    #include <ctype.h>
    void fun ( char * p)
    {
        int i,t; char c[80];
    /********** FOUND **********/
        for (i = 1,t = 0; p[i]; i++)
    /********** FOUND **********/
            if(! isspace((p+i)))
                c[t++]=p[i];
        c[t]='\0';
    /********** FOUND **********/
        strcpy(c,p);
    }
    void main( )
    {
        char c,s[80];
        int i=0;
        printf("input a string:");
        c=getchar();
        while(c! ='#')
        {
            s[i]=c;
            i++;
            c=getchar();
        }
        s[i]='\0';
        fun(s);
        puts(s);
    }
```

实训十五　指针与字符串

一、知识点巩固

1. 若有定义 char *t="123456";,t 是________,存放的是字符串的________,分配________字节内存单元。

2. 若有定义 char t[]="123456";,t 是________,该字符数组存放字符串的________,分配________字节内存单元。

二、程序分析

阅读程序并上机调试,回答以下问题。

```
#include <stdio.h>
int main()
{
    char s[80]="qqa12jf34j56l67vb89238";        //A
    char *ps=s;                                  //B
    int count[10]={0},i;                         //C
    while(*ps)                                   //D
    {
        if(*ps>='0'&&*ps<='9')                   //E
            count[*ps-'0']++;                    //F
        ps++;                                    //G
    }
    for(i=0;i<10;i++)                            //H
        if(count[i]>0)                           //I
            printf("%d:%d ",i,count[i]);         //J
    return 0;
}
```

(1) 程序的功能是________________________________。

(2) B 行 ps 存储的是________________________________。

(3) D 行循环控制条件 *ps 的含义是________________。

(4) F 行 *ps-'0' 的作用________________________。

(5) 如果去掉 G 行,程序会怎样? ______________。

(6) 程序运行结果是____________________________。

三、单项练习

1. 若有 char s1[]="abc",s2[20],*t=s2;gets(t);,则下列语句中能够实现当字符串 s1 大于字符串 s2 时,输出 s2 的语句是(　　)。

A. if(strcmp(s1,s1)>0) puts(s2);　　B. if(strcmp(s2,s1)>0) puts(s2);

C. if(strcmp(s2,t)>0) puts(s2);　　D. if(strcmp(s1,t)>0) puts(s2);

2. 下列语句中,正确的是(　　)。

A. char *s; s="Olympic";　　B. char s[7]; s="Olympic";

C. char *s; s={"Olympic"};　　D. char s[7]; s={"Olympic"}

3. 若有以下定义和语句

```
char sl[10]="abcd!", *s2="n123\\";
printf("%d %d\n", strlen(s1),strlen(s2));
```

则输出结果是(　　)。

A. 5 5　　B. 10 5

C. 10 7　　D. 5 8

4. 下面判断正确的是(　　)。

A. char *a="china";等价于 char *a; *a="china";

B. char str[10]={"china"};等价于 char str[10];str[]={"china"};

C. char *s="china";等价于 char *s;s="china";

D. char c[4]="abc",d[4]="abc";等价于 char c[4]=d[4]="abc";

5. 以下程序段中,不能正确赋字符串(编译时系统会提示错误)的是(　　)。

A. char s[10]="abcdefg";　　B. char t[]="abcdefg", *s=t;

C. char s[10];s="abcdefg";　　D. char s[10];strcpy(s,"abcdefg");

6. 有以下函数:

```
int fun(char *s)
{   char *t=s;
    while(*t++);
    return(t-s);
}
```

该函数的功能是(　　)。

A. 比较两个字符串的大小　　B. 计算 s 所指字符串占用内字节的个数

C. 计算 s 所指字符串的长度　　D. 将 s 所指字符串复制到字符串 t 中

7. 有以下程序:

```
void ss(char *s,char t)
{   while(*s)
    {   if(*s==t)    *s=t-'a'+'A';
        s++;
    }
}
```

```
void main()
{   char str1[100]="abcddfefdbd",c='d';
    ss(str1,c);
    printf("%s\n",str1);
}
```

程序运行后的输出结果是(　　)。

A. ABCDDEFEDBD　　B. abcDDfefDbD

C. abcAAfefAbA　　D. Abcddfefdbd

8. 有以下程序：

```
void point(char *p)
{   p+=3;
}
void main()
{   char b[4]={'a','b','c','d'}, *p=b;
    point(p);
    printf("%c\n", *p);
}
```

程序运行后的输出结果是(　　)。

A. a　　B. b

C. c　　D. d

9. 有以下程序，程序中库函数 islower(ch)用以判断 ch 中的字母是否为小写字母。

```
#include <stdio.h>
#include <ctype.h>
void fun(char *p)
{   int i=0;
    while (p[i])
    {   if(p[i]==' '&& islower(p[i-1]))
            p[i-1]=p[i-1]-'a'+'A';
        i++;
    }
}
void main()
{   char s1[100]="ab cd EFG!";
    fun(s1);
    printf("%s\n",s1);
}
```

程序运行后的输出结果是(　　)。

A. ab　cd　EFG!　　B. Ab　Cd　EFg!

C. aB　cD　EFG!　　D. ab　cd　EFg!

10. 有以下程序：

```
#include <stdio.h>
void fun (char *c,char d)
```

```
{   *c=*c+1;
    d=d+1;
    printf("%c,%c,",*c,d);
}
void main()
{   char b='a',a='A';
    fun(&b,a);
    printf("%c,%c\n",b,a);
}
```

程序运行后的输出结果是(　　)。

A. b,B,b,A　　B. b,B,B,A

C. a,B,B,a　　D. a,B,a,B

四、程序练习

1. 修改程序

下面程序中均有 3 处错误,阅读程序并上机调试,不增加程序代码行,修改程序,使程序能够正确运行。

(1) 将从键盘上输入的每个单词的第一个字母转换为大写字母,输入时各单词必须用空格隔开,用'.'结束输入。

```
#include <stdio.h>
#include <string.h>
int fun(char c,int status)
{
    if (c== ' ') return 1;
    else
    {
        if(status && *c>='a'&& *c<='z')
            *c+='a'-'A';
        return 0;
    }
}
void main()
{
    int flag=1;
    char ch;
    printf("请输入一字符串,用点号结束输入! \n");
    do
    {
            ch=getchar();
            flag=fun(&ch, flag);
```

```
            putchar(ch);
    }while(ch! ='.');
    printf("\n");
}
```

(2) 删除 s 所指字符中所有的小写字母 c 。

```
#include <stdio.h>
void  fun( char *s )
{  int i,j;
   for(i=j=0; s[i]! ='\0'; i++)
       if(s[i]! ='c')
           s[j]=s[i];
   s[i]=0;
}
void main()
{  char  s[80];
   printf("Enter a string:");
   getchar(s);
   printf("The original string:");
   puts(s);
   fun(s);
   printf("The string after deleted:");
   puts(s);
   printf("\n\n");
}
```

(3) 功能:用 len-cat 函数将 c2 字符串连接到 c1 字符串之后,不允许使用 strcat 函数。

```
#include <stdio.h>
void len________cat(char *c1,char c2)
{
    int i,j;
    for(i=0;c1[i]! ='\0';i++);
    for(j=0;c2[j]! ='\0';j++)
        c1[i+j]=c2[j];
    c1[i]='\0';
}
void main()
{
    char s1[80],s2[40];
    gets(s1);
    gets(s2);
    len_cat(s1,s2);
    printf("string is: %s\n",s2);
}
```

2. 完善程序

下面程序均不完整，阅读程序并上机调试，不增加程序代码行，完善程序，使程序能够正确运行。

(1) 将字符串中的小写字母转换为对应的大写字母，其他字符不变。

```
#include <string.h>
#include <stdio.h>
void change(char *str)
{
    int i;
        for(i=0;________;i++)
        if(str[i]>='a' && str[i]<='z')
            str[i]=________;
}
void main()
{
    char str[40];
    gets(str);
    change(________);
    puts(str);
}
```

(2) 用 copy 函数实现字符串的复制，把 str1 复制到 str2 中。不允许用 strcpy()函数。

```
#include <stdio.h>
void copy(char *str1,char *str2)
{
    int i;
    for(i=0;________;i++)
        str2[i]=str1[i];
    ____________;
}
void main()
{
    char c1[40],c2[40];
    gets(c1);
    ____________;
    puts(c2);
}
```

(3) 将形参 s 所指字符串中的数字字符转换成对应的数值，计算出这些数值的累加和作为函数值返回。例如：形参 s 所指的字符串为 abs5def126jkm8，程序执行后的输出结果为 22。

```
#include <stdio.h>
#include <string.h>
```

```
#include <ctype.h>
int fun(char *s)
{  int sum=0;
   while(*s)
   {
       if( isdigit(*s) )   /*isdigit()函数的功能是判断字符是否是数字字符*/
          sum+= *s-________;
       ________;
   }
   return ________;
}
void main()
{  char s[81];
   int n;
   printf("\nEnter a string:\n\n");
   gets(s);
   n=fun(s);
   printf("\nThe result is:%d\n\n",n);
}
```

3. 编写程序

(1) 请编写函数 fun,该函数的功能是:判断字符串是否为回文,若是,则函数返回 1,主函数中输出"YES";否则返回 0,主函数中输出"NO"。回文是指顺读和倒读都一样的字符串。例如,字符串 LEVEL 是回文,而字符串 123312 就不是回文。

(2) 编写一个函数 int fun(char *ptr)输入一个字符串,过滤此串,只保留串中的字母字符,并统计新生成串中包含的字母个数。例如:输入的字符串为 ab234 $ df4,新生成的串为 abdf。

(3) 编写函数 void fun(char *str,int n)将主函数中输入的字符串反序存放。例如:输入字符串"abcdefg",则应输出"gfedcba"。

(4) 编写函数 int fun(char *p1)求一个字符串的长度,在 main 函数中输入字符串,并输出其长度。

五、拓展练习

1. 字符串指针变量中存入的是(　　)。
   A. 字符串　　B. 字符串的首地址
   C. 第一个字符　　D. 字符串变量
2. 设 char *s="\ta\017bc";,则指针变量 s 指向的字符串所占的字节数是(　　)。
   A. 9　　B. 5　　C. 6　　D. 7
3. 以下不能正确进行字符串赋初值的语句是(　　)。
   A. char str[5]="good!";　　B. char str[]="good!";

C. char ＊str="good!"; D. char str[5]={'g','o','o','d',0};

4. 下面说明不正确的是(　　)。

A. char a[10]="china"; B. char a[10],＊p=a;p="china";

C. char ＊a;a="china"; D. char a[10],＊p;p=a="china";

5. char ＊s1="hello",＊s2;s2=s1;,则(　　)。

A. s2 指向不确定的内存单元

B. 不能访问"hello"

C. puts(s1);与 puts(s2);结果相同

D. s1 不能再指向其他单元

6. 若有 char s1[]="abc",s2[20],＊t=s2;gets(t);,则下列语句中能够实现当字符串 s1 大于字符串 s2 时,输出 s2 的语句是(　　)。

A. if(strcmp(s1,s1)>0) puts(s2);

B. if(strcmp(s2,s1)>0) puts(s2);

C. if(strcmp(s2,t)>0) puts(s2);

D. if(strcmp(s1,t)>0) puts(s2);

7. 以下程序的输出结果是(　　)。

```
#include <stdio.h>
void main()
{  char   s[]="123",*p;
   p=s;
   printf("%c%c%c\n",*p++,*p++,*p++);
}
```

A. 123　　B. 111　　C. 213　　D. 312

8. 程序改错:分别统计输入的字符串中各元音字母(即:A,E,i,O,U)的个数。注意:字母不分大、小写。

例如,若输入:This is a boot,则输出应该是:1,0,2,2,0。

```
#include <stdio.h>
void fun ( char *s, int num[5] )
{
    int k, i=5;
    for ( k = 0; k<i; k ++ )
    /********** FOUND **********/
    num[i]=0;
    for (; *s; s ++)
    {
        i = -1;
    /********** FOUND **********/
        switch ( s )
        {  case 'a':
           case 'A': i=0; break;
           case 'e':
```

```
            case 'E':i=1;break;
            case 'i':
            case 'I': i=2; break;
            case 'o':
            case 'O': i=3;break;
            case 'u':
            case 'U': i=4; break;
        }
    /********** FOUND **********/
        if (i < 0)
            num[i]++;
    }
}
void main( )
{
    char s1[81]; int num1[5], i;
    printf( "\nPlease enter a string:" );
    gets( s1 );
    fun ( s1, num1 );
    for ( i=0; i < 5; i ++ )
        printf ("%d ",num1[i]);
    printf ("\n");
}
```

9. 编写一个函数 int fun(char *str,char *substr),统计一个长度为 2 的字符串在另一个字符串中出现的次数。在 main 函数中输出结果。例如,假定输入的字符串为:asdasasdfgasdaszx67asdmklo,符串为:as,则应输出 6。

10. 编写一个函数 int fun(char s[],int c),从字符串中删除指定的字符。在 main 函数中输出字符串。同一字母的大、小写按不同字符处理。例如,若程序执行时输入字符串为:turbocandborlandc ++,从键盘上输入字符:n,则输出后变为:turbocadborladc ++,如果输入的字符在字符串中不存在,则字符串照原样输出。

实训十六　结构体

一、知识点巩固

1. 结构体类型定义

________结构体标识符
{
　数据类型 成员名 1;
　数据类型 成员名 2;
　……
}______

(1) 结构体类型是一种________(基本/构造)的数据类型。

(2) 结构体成员可以________(相同/不同)类型的数据。

2. 用 typedef 定义类型

(1) 格式:________原类型标识符　新类型标识符

(2) typedef 作用是________________。

二、程序分析

阅读程序并上机调试,回答以下问题。

1.
```
#include <stdio.h>
struct student                        //定义结构体类型,有结构体类型名
{
    int num;
    char name[20];
    char sex;
    int age;
    char addr[30];
};
void main()
{  //用定义的结构体类型定义结构体变量并初始化
   struct  student  a={11,"Wang Yin",'F',19, "200 Nanjing Road"};
   //输出结构体变量的成员
```

```
    printf("No. :%ld\nname:%s\nsex:%c\nage:%d\naddr:%s\n",a.num,a.name,a.sex,a.age,a.
addr);
}
```

(1) 结构体数据类型是____________。

(2) 结构体变量是________,结构体变量所占的字节数是________。

(3) 结构体成员引用________。

2.
```
#include <stdio.h>
struct student                //定义结构体类型
{
    int num;                  //结构体成员
    char name[20];
    int age;
    char sex;
};
void main()
{   struct student a;
    scanf("%ld%s%d%c",&a.num, a.name,&a.age,&a.sex);
    printf("No. :%ld\nname:%s\nsex:%c\nage:%d\n",a.num,a.name,a.sex,a.age);
}
```

(1) 结构体数据类型是____________。结构体变量是________。

(2) 结构体变量所占的字节数是________。

(3) 输入函数中为什么 a.name 不加 &? ________。

3.
```
#include <stdio.h>
#include <string.h>
struct student                //定义结构体类型,并用此类型定义结构体变量、结构体指针
{
    long int num;
    char name[20];
    char sex;
    float score;
}stu1, *p;
void main()
{
    p=&stu1;
    stu1.num=100;
    strcpy(stu1.name,"Wang Min");          //字符串不能用赋值语句直接赋值
    p->sex='M';
    p->score=95;
    printf("\nNo. :%ld\nname:%s\nsex:%c\nscore:%f\n",(*p).num,p->name,stu1.sex,p-
>score);
}
```

(1) 结构体数据类型是____________。

(2) 结构体变量是________,结构体变量所占的字节数是________。

(3) 结构体成员引用的三种方法:____________________________。

三、单项练习

1. C语言中,定义结构体的保留字是(　　)。

A. union　　　　B. struct

C. enum　　　　D. typedef

2. 对结构体类型的变量的成员的访问,无论数据类型如何都可使用的运算符是(　　)。

A.　　　　B. ->　　　　C. *　　　　D. &

3. 设有以下说明语句 typedef struct{int n; char ch[8];}PER;,以下正确的是(　　)

A. PER 是结构体变量名　　　　B. PER 是结构体类型名

C. typedef struct 是 结构体类型　　　　D. struct 是结构体类型名

4. 定义结构体:

```
struct stu
{   long no;
    char name[30];
}s1;
struct stu *p=&s1,
```

则将"Tom"赋值给 s1 的成员 name,应使用(　　)。

A. s1.name = "Tom";　　　　B. s1->name = "Tom";

C. p->name = "Tom";　　　　D. strcpy(p->name,"Tom");

5. 定义结构体:

```
struct stu
{   long no;
    char name[30];
}s1;
```

若 sizeof(long)=8,则 s1 的存储空间大小是(　　)字节。

A. 30　　　　B. 38　　　　C. 39　　　　D. 8

6. 下面结构体的定义语句中,错误的是(　　)。

A. struct ord{int x;int y;int z;};struct ord a;

B. struct ord{int x;int y;int z;}a;

C. struct {int x;int y;int z;}a;

D. struct ord{int x;int y;int z;}struct ord a;

7. 设有以下说明语句:

```
struct
{ int n;
  char ch[8];
} PER;
```

则下面叙述中正确的是(　　)。

A. PER 是结构体变量名　　B. PER 是结构体类型名

C. typedef struct 是结构体类型　　D. struct 是结构体类型名

8. 设有定义：

struct {char mark[12];int num1;double num2;} t1,t2;,

若变量均已正确赋初值,则以下语句中错误的是(　　)。

A. t1=t2;　　B. t2. num1=t1. num1;

C. t2. mark=t1. mark;　　D. t2. num2=t1. num2;

9. 若有以下语句：

typedef struct S
{int g; char h;} T;

以下叙述中正确的是(　　)。

A. 可用 S 定义结构体变量　　B. 可用 T 定义结构体变量

C. S 是 struct 类型的变量　　D. T 是 struct S 类型的变量

10. 设有定义：

struct complex
{ int real,unreal;} data1={1,8},data2;

则以下赋值语句中错误的是(　　)。

A. data2=data1;　　B. data2=(2,6);

C. data2. real=data1. real;　　D. data2. real=data1. unreal;

四、程序练习

1. 修改程序

下面程序中均有 2 处错误,阅读程序并上机调试,不增加程序代码行,修改程序,使程序能够正确运行。

(1) 人员的记录由编号和出生年、月、日组成,N 名人员的数据已在主函数中存入结构体数组 std 中。函数 fun 的功能是:找出指定出生年份的人员,将其数据放在形参 k 所指的数组中,由主函数输出,同时由函数值返回满足指定条件的人数。

```
#include <stdio.h>
#define N 8
typedef struct
{   int num;
    int year,month,day;
}STU;
int fun(STU *std, STU k, int year)
{   int i,n=0;
    for (i=0; i<N; i++)
        if(std[i].year=year)
```

```
                k[n++]= std[i];
    return n;
  }
  void main()
  {   STU std[N]={ {1,1984,2,15},{2,1983,9,21},{3,1984,9,1},{4,1983,7,15},
                   {5,1985,9,28},{6,1982,11,15},{7,1982,6,22},{8,1984,8,19}};
      STU k[N];
      int i,n,year;
      printf("Enter a year:");
      scanf("%d",&year);
      n=fun(std,k,year);
      if(n==0)
          printf("\nNo person was born in %d \n",year);
      else
      {   printf("\nThese persons were born in %d \n",year);
          for(i=0; i<n; i++)
              printf("%d  %d-%d-%d\n",k[i]. num,k[i]. year,k[i]. month,k[i]. day);
      }
  }
```

(2) 已知学生的记录由学号和学习成绩构成，N 名学生的数据已存入 a 结构体数组中。请编写函数 fun，该函数的功能是：找出成绩最高的学生记录，通过形参返回主函数（规定只有一个最高分）。

```
#include <stdio. h>
#include <string. h>
#define N 10
typedef struct ss      /*定义结构体*/
{  char num[10];
   int s;
} STU;
void fun(STU a[], STU *s)
{
    int i;
    s=a[0];
    for(i=0;i<N;i++)
        if(s->s<a[i])
            *s=a[i];
}
void main()
{
    STU a[N]={{ "A01",81},{ "A02",89},{ "A03",66},{ "A04",87},{ "A05",77},
  { "A06",90},{ "A07",79},{ "A08",61},{ "A09",80},{ "A10",71}},m;
    int i;
```

```
    printf(" ***** The original data ***** ");
    for(i=0;i<N;i++)
        printf("No=%s Mark=%d\n", a[i].num,a[i].s);
    fun(a,&m);
    printf(" ***** THE RESULT ***** \n");
    printf("The top:%s, %d\n",m.num,m.s);
}
```

2. 完善程序

下面程序均不完整，阅读程序并上机调试，不增加程序代码行，完善程序，使程序能够正确运行。

(1) 给定程序中，函数 fun 的功能是：将形参 std 所指结构体数组中年龄最大者的数据作为函数值返回，并在 main 函数中输出。

```
#include <stdio.h>
typedef struct
{   char name[10];
    int age;
}STD;
STD fun(STD std[], int n)
{   STD max;
    int i;
    max=______;
    for(i=1; i<n; i++)
    if(max.age<______)
        max=std[i];
    return max;
}
void main( )
{   STD std[5]={"aaa",17,"bbb",16,"ccc",18,"ddd",17,"eee",15   };
    STD max;
    max=fun(std,5);
    printf("\nThe result: \n");
    printf("\nName: %s,   Age:  %d\n",________,max.age);
}
```

(2) 程序通过定义学生结构体变量，存储学生的学号、姓名和 3 门课的成绩。函数 fun 的功能是：将形参 a 所指结构体变量中的数据赋给函数中的结构体变量 b，并修改 b 中的学号和姓名，最后输出修改后的数据。

例如，a 所指变量中的学号、姓名和三门课的成绩依次是：10001，"ZhangSan"，95，80，88，则修改后输出 b 中的数据应为：10002，"LiSi"，95，80，88。

```
#include <stdio.h>
#include <string.h>
struct student
```

```
{
    long sno;
    char name[10];
    float score[3];
};
void fun(struct student a)
{   struct student b;
    int i;
    b = ______;
    b.sno = 10002;
    strcpy(______, "LiSi");
    printf("\nThe data after modified:\n");
    printf("\nNo.: %ld   Name: %s\nScores:   ",b.sno, b.name);
    for (i=0; i<3; i++)
        printf("%6.2f ",  b.______);
    printf("\n");
}
void main()
{   struct student s={10001,"ZhangSan", 95, 80, 88};
    int i;
    printf("\n\nThe original data:\n");
    printf("\nNo.: %ld   Name: %s\nScores:   ",s.sno, s.name);
    for (i=0; i<3; i++)
        printf("%6.2f ", s.score[i]);
    printf("\n");
    fun(s);
}
```

3. 编写程序

(1) 学生记录由学号和成绩组成,N 名学生的数据已放入主函数中的结构体数组中,请编写函数 fun,其功能是:把分数最低的学生数据放入 b 所指的数组中。注意:分数最低的学生可能不止一个,函数返回分数最低的学生人数。

(2) 已知学生的记录由学号和学习成绩构成,N 名学生的数据已存入 a 结构体数组中。找出成绩最低和最高的学生记录。

实训十七　链　表

一、知识点巩固

链表的基本操作包括建立(批量存入数据)、打印(输出所有数据)、删除(在批量数据中删除指定数据)、插入(在批量数据中添加一个数据)等。

二、程序分析

阅读程序并上机调试,回答以下问题。

有如下链表,p,q 和 r 所指结点如图所示。

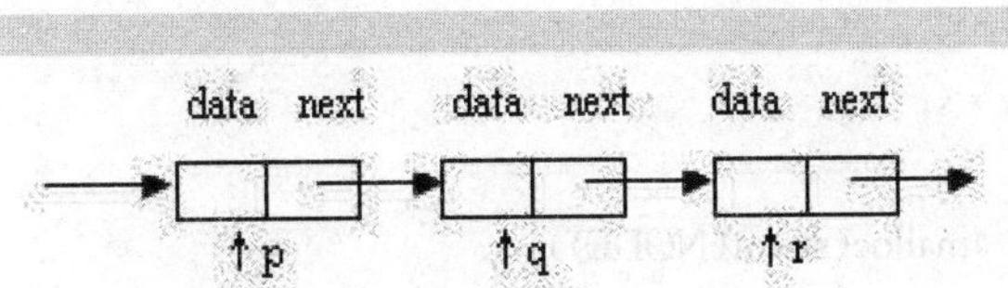

(1) 如果将 r 所指节点设置为尾结点,则________________________。

(2) 如果删除 q 所指的节点,则________________________________。

(3) 如果将 q 和 r 所指结点的先后位置交换,则____________________。

三、单项练习

无

四、程序练习

1. 修改程序

下面程序中均有 2 处错误,阅读程序并上机调试,不增加程序代码行,修改程序,使程序能够正确运行。

(1) 下列给定程序是建立一个带头结点的单向链表,并用随机函数为各结点赋值。函数 fun 的功能是:将单向链表结点(不包括头结点)数据域为偶数的值累加起来,并且作为函数值返回。

```
#include <stdio.h>
```

```
#include <conio.h>
#include <stdlib.h>
typedef struct aa
{   int data;
    struct aa *next;
} NODE;
int fun (NODE *h)
{   int sum=0;
    NODE *p;
    p=h->next;
    while(p->next)
    {   if(p->data%2==0)
            sum+=p->data;
        p=h->next;
    }
    return sum;
}
NODE *creatlink(int n)
{
    NODE *h, *p, *s;
    int i;
    h=p=(NODE *)malloc(sizeof(NODE));
    for(i=1;i<n;i++)
    {
        s=(NODE *)malloc(sizeof(NODE));
        s->data=rand()%16;
        s->next=p->next;
        p->next=s;
        p=p->next;
    }
    p->next=NULL;
    return h;
}
void outlink(NODE *h)
{   NODE  *p;
    p=h->next;
    printf("\n\n The LIST:\n\n HEAD");
    while(p)
    {   printf("->%d",p->data);
        p=p->next;}
    printf("\n");
}
void main()
```

```
{  NODE *head; int sum;
   system("CLS");
   head=creatlink(10);
   outlink(head);
   sum=fun(head);
   printf("\nSUM=%d",sum);
}
```

(2) 建立一个带头结点的单向链表,并用随机函数为各结点数据域赋值。函数 fun 的作用是:求出单向链表结点(不包括头结点)数据域中的最大值,并且作为函数值返回。

```
#include <stdio.h>
#include <conio.h>
#include <stdlib.h>
typedef struct aa
{  int data;
   struct aa *next;
} NODE;
int fun (NODE *h)
{  int max=-1;
   NODE *p;
   p=h;
   while(p)
   {  if(p->data>max)
            max=p->data;
      p=h->next;
   }
   return max;
}
void outresult(int s, FILE *pf)
{  fprintf(pf, "\nThe max in link:%d\n",s);
}
NODE *creatlink(int n, int m)
{  NODE *h, *p, *s;
   int i;
   h=p=(NODE *)malloc(sizeof(NODE));
   h->data=9999;
   for(i=1;i<=n;i++)
   {  s=(NODE *) malloc(sizeof(NODE));
      s->data=rand()%m; s->next=p->next;
      p->next=s;   p=p->next;
   }
   p->next=NULL;
   return h;
}
```

```
outlink(NODE *h,FILE *pf)
{  NODE *p;
   p=h->next;
   fprintf(pf, "\n The LIST:\n\n HEAD");
   while(p)
{  fprintf(pf, "->%d",p->data);
   p=p->next;
   }
      fprintf(pf, "\n");
}
void main()
{  NODE *head; int m;
   system("CLS");
   head=creatlink(12,100);
   outlink(head,stdout);
   m=fun(head);
   printf("\nThe RESULT:\n");
   outresult(m,stdout);
}
```

2. 完善程序

下面程序均不完整,阅读程序并上机调试,不增加程序代码行,完善程序,使程序能够正确运行。

(1) 下列给定程序中已建立一个带头结点的单向链表,链表中的各结点按结点数据域中的数据递增有序链接。函数 fun 的功能是:把形参 x 的值放入一个新结点并插入链表中,使插入后各结点数据域中的数据仍保持递增有序。

```
#include <stdio.h>
#include <stdlib.h>
#define N 8
typedef struct list
{  int data;
   struct list  *next;
} SLIST;
void fun( SLIST *h, int x)
{  SLIST *p, *q, *s;
   s=(SLIST *)malloc(sizeof(SLIST));
   s->data=________;
   q=h;
   p=h->next;
   while(p! =NULL && x>p->data)
   {  q=________;
      p=p->next;
```

```
    }
    s->next=p;
    q->next=________;
}
SLIST *creatlist(int *a)
{  SLIST *h, *p, *q;       int i;
    h=p=(SLIST *)malloc(sizeof(SLIST));
    for(i=0; i<N; i++)
    {  q=(SLIST *)malloc(sizeof(SLIST));
       q->data=a[i];  p->next=q;  p=q;
    }
    p->next=0;
    return  h;
}
void outlist(SLIST *h)
{  SLIST *p;
    p=h->next;
    if (p==NULL)   printf("\nThe list is NULL! \n");
    else
    {  printf("\nHead");
       do { printf("->%d",p->data);  p=p->next;  } while(p! =NULL);
       printf("->End\n");
    }
}
main()
{  SLIST *head;     int x;
    int a[N]={11,12,15,18,19,22,25,29};
    head=creatlist(a);
    printf("\nThe list before inserting:\n");   outlist(head);
    printf("\nEnter a number:  ");   scanf("%d",&x);
    fun(head,x);
    printf("\nThe list after inserting:\n");   outlist(head);
}
```

(2) 下列给定程序中已建立了一个带头结点的单向链表,链表中的各结点按数据域递增有序链接。函数 fun 的功能是:删除链表中数据域值相同的结点,使之只保留一个。

```
#include <stdio.h>
#include <stdlib.h>
#define N 8
typedef struct list
{  int data;
   struct list  *next;
} SLIST;
void fun( SLIST *h)
```

```
{  SLIST *p, *q;
   p=h->next;
   if (p! =NULL)
   {  q=p->next;
      while(q! =NULL)
      {  if (p->data==q->data)
         {  p->next=q->next;
            free(________);
            q=p->________;
         }
         else
         {  p=q;
            q=q->________;
         }
      }
   }
}
SLIST *creatlist(int *a)
{  SLIST *h, *p, *q;   int i;
   h=p=(SLIST *)malloc(sizeof(SLIST));
   for(i=0; i<N; i++)
   {  q=(SLIST *)malloc(sizeof(SLIST));
      q->data=a[i];   p->next=q;   p=q;
   }
   p->next=0;
   return h;
}
void outlist(SLIST *h)
{  SLIST *p;
   p=h->next;
   if (p==NULL)   printf("\nThe list is NULL! \n");
   else
   {  printf("\nHead");
      do { printf("->%d",p->data);   p=p->next;   } while(p! =NULL);
      printf("->End\n");
   }
}
void main( )
{  SLIST *head;
   int a[N]={1,2,2,3,4,4,4,5};
   head=creatlist(a);
   printf("\nThe list before deleting:\n");   outlist(head);
   fun(head);
```

```
    printf("\nThe list after deleting:\n");  outlist(head);
}
```

(3) 给定程序中,函数 fun 的功能是将不带头结点的单向链表逆置,即若原链表中从头至尾结点数据域依次为 2,4,6,8,10,逆置后,从头至尾结点数据域依次为 10,8,6,4,2。

```
#include <stdio.h>
#include <stdlib.h>
#define N 5
typedef struct node
{
    int data;
    struct node  *next;
} NODE;
________
{  NODE *p, *q, *r;
   p = h;
   if (p == NULL)
       return NULL;
   q = p->next;
   p->next = NULL;
   while (q)
   {
       r = q->________;
       q->next = p;
       p = q;
       q = ________;
   }
       return p;
}
NODE *creatlist(int a[])
{  NODE *h, *p, *q;        int i;
   h=NULL;
   for(i=0; i<N; i++)
{  q=(NODE *)malloc(sizeof(NODE));
   q->data=a[i];
   q->next = NULL;
   if (h == NULL)   h = p = q;
   else {  p->next = q;  p = q;  }
   }
   return h;
}
void outlist(NODE *h)
{  NODE *p;
   p=h;
```

```
    if (p==NULL)   printf("The list is NULL! \n");
    else
    {  printf("\nHead  ");
       do
       { printf("->%d", p->data); p=p->next;  }
       while(p! =NULL);
       printf("->End\n");
    }
}
void main()
{  NODE  * head;
   int a[N]={2,4,6,8,10};
   head=creatlist(a);
   printf("\nThe original list:\n");
   outlist(head);
   head=fun(head);
   printf("\nThe list after inverting:\n");
   outlist(head);
}
```

3. 编写程序

(1) N名学生的成绩已在主函数中放入一个带头节点的链表结构中，h指向链表的头节点。

请编写函数fun，其功能是：求出平均分，并由函数值返回。例如，若学生的成绩是：85 76 69 85 91 72 64 87，则平均分应当是：78.625。

```
struct slist
{  double s;
   struct slist * next;
};
```

(2) 编写程序，void fun(SLIST * h, int * n)统计带头结点的单向链表中结点的个数，并存放在形参n所指的存储单元中。

```
typedef   struct list
{  int data;
   struct list   * next;
} SLIST;
```

五、拓展练习

1. 程序填空。函数fun的功能是：在带头结点的单向链表中，查找数据域中值为ch的结点，找到后通过函数值返回该结点在链表中所处的顺序号（即为链表中的第几个有效数据结点）；若不存在值为ch的结点，函数返回0值。

```
#include <stdio.h>
#include <stdlib.h>
#define N 8
typedef struct list
{   char data;
    struct list  *next;
} SLIST;
SLIST *creatlist(char  *);
void outlist(SLIST  *);
int fun( SLIST  *h, char  ch)
{   SLIST  *p;
    int n=0;
    p=h->next;
/************ SPACE ************/
    while(p! =【?】)
    {   n++;
/************ SPACE ************/
        if (p->【?】==ch)
/************ SPACE ************/
            【?】;
        else  p=p->next;
    }
    return 0;
}

int main()
{
    SLIST  *head;
    int k;
    char ch;
    char a[N]={'m','p','g','a','w','x','r','d'};
    head=creatlist(a);
    outlist(head);
    printf("Enter a letter:");
    scanf("%c",&ch);
/************ SPACE ************/
    k=fun(【?】);
    if (k==0)   printf("\nNot found! \n");
    else        printf("The sequence number is:%d\n",k);
    return 0;
}
SLIST *creatlist(char  *a)
{   SLIST *h, *p, *q;      int i;
```

```
    h=p=(SLIST *)malloc(sizeof(SLIST));
    for(i=0; i<N; i ++)
    {  q=(SLIST *)malloc(sizeof(SLIST));
       q->data=a[i];  p->next=q;  p=q;
    }
    p->next=0;
    return  h;
}
void outlist(SLIST *h)
{  SLIST *p;
   p=h->next;
   if (p==NULL)   printf("\nThe list is NULL! \n");
   else
   {  printf("\nHead");
      do
      { printf("->%c",p->data);  p=p->next;  }
      while(p! =NULL);
   printf("->End\n");
   }
}
```

2. 程序填空：下列给定程序中已建立了一个带头结点的单向链表，在main函数中将多次调用fun函数，每调用一次，输出链表尾部结点中的数据，并释放该结点，使链表缩短。

```
#include <stdio.h>
#include <stdlib.h>
#define N 8
typedef struct list
{  int data;
   struct list  *next;
} SLIST;
void fun( SLIST *p)
{  SLIST *t, *s;
   t=p->next;     s=p;
   while(t->next ! = NULL)
   {  s=t;
/*********** SPACE ***********/
      t=t->【?】;
   }
/*********** SPACE ***********/
    printf(" %d ",【?】);
    s->next=NULL;
/*********** SPACE ***********/
    free(【?】);
}
```

```
SLIST *creatlist(int *a)
{   SLIST *h, *p, *q;          int i;
    h=p=(SLIST *)malloc(sizeof(SLIST));
    for(i=0; i<N; i++)
{   q=(SLIST *)malloc(sizeof(SLIST));
    q->data=a[i];   p->next=q;   p=q;
    }
    p->next=0;
    return h;
}
void outlist(SLIST *h)
{   SLIST *p;
    p=h->next;
    if (p==NULL)   printf("\nThe list is NULL! \n");
    else
    {   printf("\nHead");
        do { printf("->%d",p->data);   p=p->next;   } while(p! =NULL);
        printf("->End\n");
    }
}
void main()
{   SLIST *head;
    int a[N]={11,12,15,18,19,22,25,29};
    head=creatlist(a);
    printf("\nOutput from head:\n");   outlist(head);
    printf("\nOutput from tail: \n");
    while (head->next ! = NULL){
    fun(head);
    printf("\n\n");
    printf("\nOutput from head again:\n");   outlist(head);
    }
}
```

实训十八　文　件

一、知识点巩固

在C语言中,文件的操作完整过程有4个步骤:

(1) 文件指针定义:________ *fp;

(2) 文件打开函数:________。

(3) 对文件进行读写操作:____________________。

(4) 文件关闭函数:____________________________。

文件打开方式:

r ____________________

w ____________________

a ____________________

r+ __________________

w+ __________________

a+ __________________

二、程序分析

阅读程序并上机调试,回答以下问题。

1. 以读方式打开文件"data1.txt",测试文件打开是否成功,如果不成功,则在屏幕上输出"不能打开文件"信息,终止程序的运行。

```
#include <stdlib.h>                //使用exit()函数,必须包含此头文件
#include <stdio.h>
int main()
{
    FILE *fp;                      //定义文件指针变量fp
    fp=fopen("data1.txt", "r");   //以读方式打开数据文件data1.txt
    if (fp==NULL)
    {
        printf("Can not open the file ");
        exit(1);                   //系统函数,表示正常退出,回到操作系统,返回1
    }
    fclose(fp);                    //关闭文件
    return 0;
```

```
}
```

(1) 直接运行,屏幕上显示信息:____________,因为________文件不存在,打开文件失败。

(2) 在存储文件的文件夹下新建文本文件 data1. txt,运行程序,程序正常运行,但没有输出结果。因为虽然打开文件成功,但不代表打开了文件的具体内容,并没有使用文件,所以没有任何输出信息。

总结:以 r 方式打开文件,文件必须是已存在的文件。

2. 以写方式打开文件"data2. txt",测试文件打开是否成功,如果不成功,则在屏幕上输出"不能打开文件"信息,终止程序的运行。

```
#include <stdlib.h>
#include <stdio.h>
int main()
{
    FILE *fp;
    fp=fopen("data2.txt", "w");//以写方式打开数据文件 data2.txt
    if (fp==NULL)          //如果不成功,则输出"不能打开"信息,终止程序的运行。
    {
        printf("Can'nt open the file ");
        exit(1);
    }
    fclose(fp);              //关闭文件
    return 0;
}
```

(1) 直接运行,程序正常运行,但没有输出结果。因为以写方式打开文件,文件不存在,会自动________。

(2) 在存储. c 的文件夹下新建文件 data2. txt,在文件中输入任意信息,保存。运行程序,程序正常运行,但没有结果。打开 data2. txt,文件是空白的。因为以写方式打开文件,文件存在,会将源文件删除,自动创建同名文件。

总结:以写方式打开数据文件,如果文件不存在,将会新建一个________;如果文件存在,将会删除文件,重新创建一个同名文件。

三、单项练习

1. 有以下程序:

```
#include <stdio.h>
void main()
{   FILE *fp;
    int i,a[6]={1,2,3,4,5,6};
    fp=fopen("d2.dat","w+");
    for(i=0; i<6; i++)   fprintf(fp," %d\n",a[i]);
    rewind(fp);
```

```
    for(i=0; i<6; i++)  fscanf(fp," %d",&a[5-i]);
    fclose(fp);
    for(i=0; i<6; i++)  printf( "%d,",a[i]);
    printf("\n");
}
```

程序运行后的结果是(　　)。

A. 4,5,6,1,2,3,　　B. 1,2,3,4,5,6,

C. 6,5,4,3,2,1,　　D. 1,2,3,3,2,1,

2. 若 fp 定义为指向某文件的指针,且没有读到该文件的末尾,则C语言函数 feof(fp)的函数返回值是(　　)。

A. EOF　　B. 0　　C. 非0　　D. −1

3. 下面关于"EOF"的叙述,正确的是(　　)。

A. EOF 的值等于0

B. EOF 是在库函数文件中定义的符号常量

C. 对于文本文件,fgetc 函数读入最后一个字符时,返回值是 EOF

D. 文本文件和二进制文件都可以用 EOF 作为文件结束标志

4. 下面选项中关于"文件指针"概念的叙述正确的是(　　)。

A. 文件指针就是文件位置指针,表示当前读写数据的位置

B. 把文件指针传给 fscanf 函数,就可以向文本文件中写入任意的字符

C. 文件指针指向文件在计算机中的存储位置

D. 文件指针是程序中用 FILE 定义的指针变量

5. 以下程序用来统计文件中字符的个数(函数 feof 用以检查文件是否结束,结束时返回非零),空白处应该是(　　)。

```
#include <stdio.h>
void main()
{
    FILE *fp;
    int num=0;
    fp=fopen("fname.dat","r");
    while(________)
    {
        fgetc(fp);
        num++;
    }
    printf("num=%d\n",num);
    fclose(fp);
}
```

A. ! feof(fp)　　B. feof(fp)

C. feof(fp) = =NULL　　D. feof(fp)= =0

6. 以下程序依次把终端输入的字符存放到 f 文件中,用#作为结束输入的标志,则在横线处应填入(　　)。

```
#include <stdio.h>
main()
{
    FILE *fp; char ch;
    fp=fopen("fname.txt","w");
    while ((ch=getchar())! = '#')
        fputc(________);
    fclose(fp);
}
```

A. ch,"fname"　　B. ch，fp　　C. ch　　D. fp，ch

7. 若有以下程序：

```
#include <stdio.h>
void main()
{
    FILE *fp;
    int i,a[6]={1,2,3,4,5,6},k;
    fp=fopen("data.dat","w+b");
    for(i=0;i<6;i++)
    {
        fseek(fp,0L,0);
        fwrite(&a[5-i],sizeof(int),1,fp);
    }
    rewind(fp);
    fread(&k,sizeof(int),1,fp);
    fclose(fp);
    printf("%d",k);
}
```

则程序的输出结果是(　　)。

A. 6　　B. 21　　C. 123456　　D. 1

8. 若有以下程序：

```
#include <stdio.h>
void main()
{
    FILE *fp;
    int i,a[6]={1,2,3,4,5,6},k;
    fp=fopen("data.dat","w+");
    for(i=0;i<6;i++)
    {
        fseek(fp,0L,0);
        fprintf(fp,"%d\n",a[i]);
    }
    rewind(fp);
```

```
    fscanf(fp,"%d",&k);
    fclose(fp);
    printf("%d\n",k);
}
```

则程序的输出结果是(　　)。

A. 6　　B. 1　　C. 123456　　D. 21

9. 有以下程序：

```
#include <stdio.h>
void main()
{  FILE *fp;
   char str[10];
   fp=fopen("myfile.dat","w");
   fputs("abc",fp);
   fclose(fp);
   fp=fopen("myfile.dat","a+");
   fprintf(fp,"%d",28);
   rewind(fp);
   fscanf(fp,"%s",str);
   puts(str);
   fclose(fp);
}
```

程序运行后的输出结果是(　　)。

A. 因类型不一致而出错　　B. abc

C. 28c　　D. abc28

10. 有以下程序：

```
#include <stdio.h>
void main()
{
    FILE *f;
    f=fopen("filea.txt", "w ");
    fprintf(f,"abc");
    fclose(f);
}
```

若文本文件 filea.txt 中原有内容为：hello，则运行以上程序后，文件 filea.txt 中的内容为：

A. abc　　B. helloabc　　C. abchello　　D. abclo

四、程序练习

1. 修改程序

下面程序中均有 3 处错误，阅读程序并上机调试，不增加程序代码行，修改程序，使程序能够正确运行。

(1) 从键盘输入以回车结尾的一行字符,将其写入文本文件。

```
#include <stdio.h>
#include <stdlib.h>
void main( )
{
    FILE * fp;
    char ch;
    fp = fopen("data3.txt", "r");
    if (fp==NULL)
    {
        printf("Can not open file ! \n");
        exit(1);
    }
    while(ch=getchar( )! ='\n')         //从键盘上输入字符存储在 ch 变量中,输入回车结束
        fputc(ch, fp);                  //将 ch 中存储的字符写入到 fp 指向的 data3.txt 文件中
    fclose(fp);
}
```

(2) 将上题中 data3.txt 内容输出到屏幕上。

```
#include <stdio.h>
#include <stdlib.h>
void main( )
{
    FILE *fp;
    char ch;
    *fp = fopen("data3.txt", "r");        //以读的方式打开文件,fp 指针指向文件
    if(fp=NULL)
    {   printf("Can not open file ! \n");
        exit(1);
    }
    while((ch=fgetc(fp))=EOF)             //从 fp 指向的文件读入字符赋值给 ch
        putchar(ch);
    putchar('\n');
    fclose(fp);
}
```

2. 完善程序

下面程序均不完整,阅读程序并上机调试,不增加程序代码行,完善程序,使程序能够正确运行。

(1) 将从键盘上输入的若干行写到文本文件 data4.txt 中。

```
#include <stdio.h>
#include <stdlib.h>
```

```
#include <string.h>
void main( )
{
    FILE *fp;
    char  line[80];
    if((fp = fopen("data4.txt", "______"))==NULL)
    {
        printf("Can not open file ! \n");
        exit(1);
    }
    while(strlen(______) > 0)//从键盘输入一个字符串存储到line数组中,'\n'不被读入
    {
        fputs(line, fp);        //向fp指定的文件写入一个字符串,不会自动增加输出'\n'
        ___("\n", fp);          //向fp指定的文件写入'\n'
    }
    fclose(fp);
}
```

(2) 将上题中产生的文件 data4. txt 内容输出到屏幕上。

```
#include <stdlib.h>
void main( )
{
    FILE _____;
    char line[80];
    if((fp = fopen("data4.txt", "r"))==NULL)
    {
        printf("Can not open file %s! \n");
        exit(1);
    }
    while(_______ ! =NULL)      //读入一行到line数组,注意:行尾的'\n'也被读入
        puts(line);             //写入时自动增加输出一个'\n'
    fclose(fp);
}
```

3. 编写程序

(1) 从正文文件 data5. txt 中读入数据到二维数组中,调用函数分别求该二维数组的主、辅对角线上的元素之和,然后将二维数组的数据以矩阵方式写入另一正文文件 data6. txt,最后写入求和结果。

首先创建存放二维数组数据的正文文件 data5. txt,内容为:

```
1   2   3   4
5   6   7   8
9   10  11  12
13  14  15  16
```

打开 data6. txt,查看运行结果:

```
data6.txt - 记事本
文件(F) 编辑(E) 格式(O)
   1   2   3   4
   5   6   7   8
   9  10  11  12
  13  14  15  16
sum1=34
sum2=34
```

(2) 从键盘输入一个字符串以“回车符”结束输入,将其中的小写字母全部转换为大写字母,然后输出到磁盘文件“data10－1. txt”中保存。

运行结果:

```
Input a string:
abcdEFGHijkLM!
ABCDEFGHIJKLM
```

data10－1. txt 文件中的内容:ABCDEFGHIJKLM

(3) 用于将一个源文件 data8. txt 的内容复制到一个目标文件 data9. txt。

运行结果:

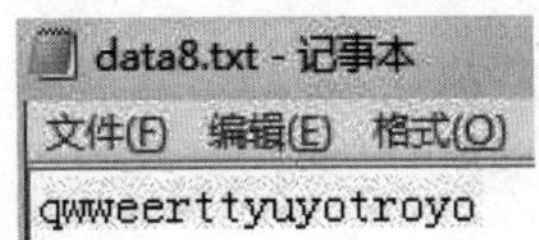
data8.txt - 记事本
文件(F) 编辑(E) 格式(O)
qwweerttyuyotroyo

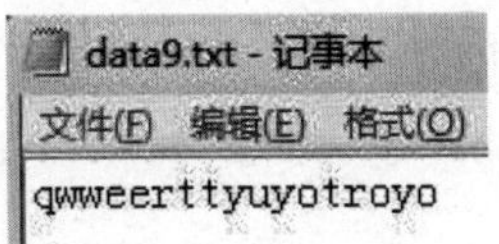
data9.txt - 记事本
文件(F) 编辑(E) 格式(O)
qwweerttyuyotroyo

五、拓展练习

1. 设文件指针 fp 已定义,执行语句 fp＝fopen(“file”,”w”);后,以下针对文本文件 file 操作叙述的选项中正确的是(　　)。

A. 写操作结束后可以从头开始读

B. 可以随意读和写

C. 只能写不能读

D. 可以在原有内容后追加写

2. 下列关于 C 语言文件的叙述中正确的是(　　)。

A. 文件由结构序列组成,可以构成二进制文件或者文本文件

B. 文件由一系列数据依次排列组成,只能构成二进制文件

C. 文件由字符序列组成,其类型只能是文本文件

D. 文件由数据序列组成,可以构成二进制文件或者文本文件

3. 有以下程序:

```
#include <stdio.h>
void main()
{
```

```
    FILE *fp;
    int k,n,a[6]={1,2,3,4,5,6};
    fp=fopen("d2.dat","w");
    fprintf(fp,"%d%d\n",a[0],a[1],a[2]);
    fprintf(fp,"%d%d\n",a[3],a[4],a[5]);
    fclose(fp);
    fp=fopen("d2.dat","r");
    fscanf(fp,"%d%d",&k,&n);
    printf("%d%d\n",k,n);
    fclose(fp);
}
```

程序运行后的结果是(　　)。

A. 1 4　　B. 1 2　　C. 123 4　　D. 1245

4. 以下叙述中错误的是(　　)。

A. fwrite()函数用于以二进制形式输出数据到文件

B. fputs()函数用于把字符串输出到文件

C. gets()函数用于从终端读入字符串

D. getchar()函数用于从磁盘文件读入字符

5. 有以下程序：

```
#include <stdio.h>
void main()
{
    FILE *pf;
    char *s1="china",*s2="Beijing";
    pf=fopen( " abc.dat","wb+");
    fwrite( s2,7,1,pf);
    rewind(pf);
    fwrite(s1,5,1,pf);
    fclose(pf);
}
```

以上程序执行后 abc.dat 文件的内容是(　　)。

A. ChinaBeijing　　B. BeijingChina　　C. China　　D. Chinang

6. 以下叙述中正确的是(　　)。

A. 当对文件的读(写)操作完成之后，必须将它关闭，否则可能导致数据丢失

B. 在一个程序中当对文件进行了写操作后，必须先关闭该文件然后再打开，才能读到第 1 个数据

C. 打开一个已存在的文件并进行了写操作后，原有文件中的全部数据必定被覆盖

D. C 语言中的文件是流式文件，因此只能顺序存取数据

7. 读取二进制文件的函数调用形式为：

fread(buffer,size,count,fp);

其中 buffer 代表的是(　　)。

A. 一个文件指针,指向待读取的文件

B. 一个内存块的首地址,代表读入数据存放的地址

C. 一个内存块的字节数

D. 一个整型变量,代表待读取的数据的字节数

8. 编写程序,有两个文件,各存放一行字符串,要求把这两个文件中的信息合并(按字母顺序排列),写入到一个新文件 data10－3. txt 中。

9. 编写程序,有 5 个学生,每个学生有 3 门课程的成绩,从键盘输入学生数据(包括学生学号,姓名,成绩),计算平均成绩,将原有数据和计算出的平均分数存放在磁盘文件 data10－4. txt 中。

实训十九　C 语言程序实例

1. 九九表

【说明】依据显示的菜单，根据不同的输入，显示不同形式的九九表。目的在运用键盘输入函数、自定义函数进行编程，以及运用循环结构实现格式化输出等内容的综合使用。

```
#include <stdio.h>
void full();             //函数声明
void ledn();
void leup();
void rtdn();
void rtup();
int i,j,k;               //定义全局变量
void main()              //主程序显示菜单,处理键盘输入
{
    char a;
    while (1)
    {
        /*  9*9 table 菜单  */
        printf("----------9*9 Table----------------\n");
        printf("------  0:  Full Table  -------------\n");
        printf("------  1:  LeDn Table  -------------\n");
        printf("------  2:  RtUp Table  -------------\n");
        printf("------  3:  LtUp Table  -------------\n");
        printf("------  4:  RtDn Table  -------------\n");
        printf("------  5:  Exit Table  -------------\n");
        printf("-----------------------------------\n");
        scanf("%1d",&a);
        if (a==5) break;            //输入 5 则结束程序
        switch (a)
        {
            case 0:/* full */
                full();
                break;
            case 1:/* left down */
                ledn();
                break;
            case 2:/* right up */
```

```
                rtup();
                break;
            case 3:/* left up */
                leup();
                break;
            case 4:/* right down */
                rtdn();
                break;
            default:;
        }
        printf("--------very good-----------\n");
    }
}
//以下是函数定义部分
void full()
{
    printf("full 9*9 table\n");
    for (i=1;i<=9;i++)
    {
        for(j=1;j<=9;j++)
        {
            printf("%d*%d=%2d ",i,j,i*j);
        }
        printf("\n");
    }
}
void ledn()
{
    printf("left down 9*9 table\n");
    for (i=1;i<=9;i++)
    {
        for(j=1;j<=i;j++)
        {
            printf("%d*%d=%2d ",i,j,i*j);
        }
        printf("\n");
    }
}
void rtup()
{
    printf("right up 9*9 table\n");
    for (i=1;i<=9;i++)
    {
```

```
        for (k=0;k<=(i-1)*7;k++)
            printf(" ");
        for(j=i;j<=9;j++)
        {
            printf("%d*%d=%2d ",i,j,i*j);
        }
        printf("\n");
    }
}
void leup()
{
    printf("left up 9*9 table\n");
    for (i=1;i<=9;i++)
    {
        for(j=1;j<=10-i;j++)
        {
            printf("%d*%d=%2d ",i,j,i*j);
        }
        printf("\n");
    }
}
void rtdn()
{
    printf("right down 9*9 table\n");
    for (i=1;i<=9;i++)
    {
        for (k=0;k<=(9-i)*7;k++)
            printf(" ");
        for(j=10-i;j<=9;j++)
        {
            printf("%d*%d=%2d ",i,j,i*j);
        }
        printf("\n");
    }
}
```

运行界面如下：

菜单界面

```
------------9*9 Table--------------------
-------  0:   Full Table  ----------------
-------  1:   LeDn Table  ----------------
-------  2:   RtUp Table  ----------------
-------  3:   LtUp Table  ----------------
-------  4:   RtDn Table  ----------------
-------  5:   Exit Table  ----------------
-----------------------------------------
```

输入 3,回车就显示左上形式的九九表,界面如下

```
3
left up 9*9 table
1*1= 1 1*2= 2 1*3= 3 1*4= 4 1*5= 5 1*6= 6 1*7= 7 1*8= 8 1*9= 9
2*1= 2 2*2= 4 2*3= 6 2*4= 8 2*5=10 2*6=12 2*7=14 2*8=16
3*1= 3 3*2= 6 3*3= 9 3*4=12 3*5=15 3*6=18 3*7=21
4*1= 4 4*2= 8 4*3=12 4*4=16 4*5=20 4*6=24
5*1= 5 5*2=10 5*3=15 5*4=20 5*5=25
6*1= 6 6*2=12 6*3=18 6*4=24
7*1= 7 7*2=14 7*3=21
8*1= 8 8*2=16
9*1= 9
----------very good--------------
---------------9*9 Table-------------------
-------   0:   Full Table  ----------------
-------   1:   LeDn Table  ----------------
-------   2:   RtUp Table  ----------------
-------   3:   LtUp Table  ----------------
-------   4:   RtDn Table  ----------------
-------   5:   Exit Table  ----------------
-------------------------------------------
```

2. 日历

【说明】用C语言编写日历是常见的程序练习,如何按照日历实现格式化的日期输出是本练习的难点。

```
#include <stdio.h>
#include <math.h>
void printmonth(int m);              //函数声明
void printhead(int m);
int daysofmonth(int m);
int firstday(int y);
int year,weekday;                    //定义全局变量

void main()
{
    int i;
    printf("请输入年份:");
    scanf("%d",& year);
    weekday=firstday(year);
    printf("\n\n");
    printf("                 %d 年\n",year);
    for(i=1;i<=12;i++)
    {
        printmonth(i);               //函数调用
        printf("\n");
    }
    printf("\n\n");
}
void printmonth(int m)               //打印每月日历
```

```
{
    int i,days;
    printhead(m);
    days=daysofmonth(m);
    for(i=1;i<=days;i++)
    {
        printf("%5d",i);
        weekday=(weekday+1)%7;
        if (weekday==0) printf("\n   ");
    }
}
void printhead(int m)                //打印每月的日历头(判定起始位置)
{
    int i;
    printf("\n%d月   日   一   二   三   四   五   六\n",m);
    printf("   ");
    for(i=0;i<weekday;i++)
        printf("     ");
}
int daysofmonth(int m)               //每月的天数
{
    switch (m)
    {
        case 1:
        case 3:
        case 5:
        case 7:
        case 8:
        case 10:
        case 12:return 31;
        case 4:
        case 6:
        case 9:
        case 11:return 30;
        case 2:if (((year%4==0 && year%100! =0)||year%400==0))
            return 29;
        else
            return 28;
        default: return 0;
    }
}
int firstday(int y)                  //判断某年元旦是星期几
{
```

```
    double s;
    s=floor(year-1+(year-1)/4.0-(year-1)/100.0+(year-1)/400.0+1);
    return (int)s%7;
}
```

运行界面如下：

3. 获取汉字笔画数

【说明】这是用C语言处理汉字的典型程序，处理的关键是如何获取汉字的区位码，根据区位码就可以在笔画数数组中查找到对应汉字的笔画数。

```
#include <stdio.h>
#include <string.h>
int stroke[] =
{
/*第16区*/
    10,7,10,10,8,10,9,11,17,14,
    13,5,13,10,12,15,10,6,10,9,
    13,8,10,10,8,8,10,5,10,14,
    16,9,12,12,15,15,7,10,5,5,
    7,10,2,9,4,8,12,13,7,10,
    7,21,10,8,5,9,6,13,8,8,
    9,13,12,10,13,7,10,10,8,8,
    7,8,7,19,5,4,8,5,9,10,
    14,14,9,12,15,10,15,12,12,8,
    9,5,15,10,
/*第17区*/
    16,13,9,12,8,8,8,7,15,10,
    13,19,8,13,12,8,5,12,9,4,
    9,10,7,8,12,12,10,8, 8,5,
    11,11,11,9,9,18,9,12,14,4,
    13,10,8,14,13,14,6,10,9, 4,
    7,13,6,11,14,5,13,16,17,16,
```

```
    9, 18,5,12,8,9,9,8, 4,16,
    16,17,12,9,11,15,8,19,16,7,
    15,11,12,16,13,10,13,7, 6, 9,
    5,8,9,9,
};

int main()
{
    char a[11];
    int qu,wei,strokes=0;
    int i;
    gets(a);
    printf("长度为:%d\n",strlen(a));
    printf("笔画数分别为:\n");
    for (i=0;i<strlen(a);i+=2)
    {
        qu=((unsigned char)a[i])-160;
        wei=((unsigned char)a[i+1])-160;
        strokes+=stroke[(qu-16)*94+wei-1];
        printf("%d\n",stroke[(qu-16)*94+wei-1]);
    }
    printf("总笔画数:%d\n",strokes);
    return 0;
}
```

运行结果如下

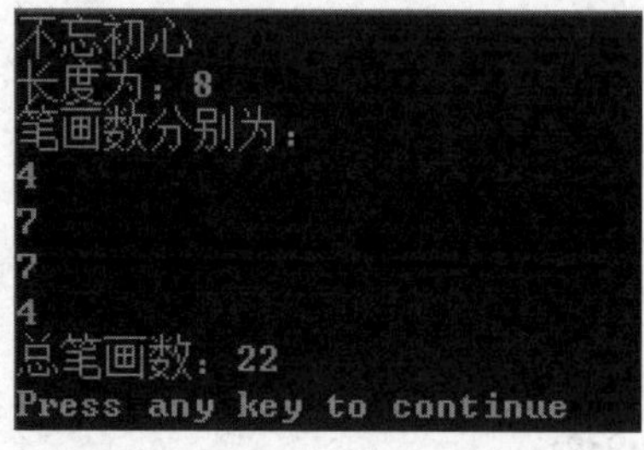

4. 文件读写

【说明】这是一个综合 C 语言程序设计各方面内容的示例程序，并将 C 语言知识运用到一般的管理应用系统中。

```
#include <stdio.h>
#include <stdlib.h>
#include <string.h>

typedef struct                    //定义记录结构
{
```

```
    int num;                    //序号
    char ID[12];                //学号
    char Name[9];               //姓名
    char PhoneID[12];           //电话
    char Gender[3];             //性别
    int Age;                    //年龄
} STU;

STU st[100];
FILE *fp;

void write();                   //输入记录并保存
void read();                    //读记录并显示
void averA();                   //统计平均年龄
void maxA();                    //最大年龄记录
void minA();                    //最小年龄记录
void searchN();                 //按姓名查找
void searchI();                 //按学号查找
void searchP();                 //按电话查找
void searchA();                 //按年龄查找
void countR();                  //按性别统计记录数
void modifyR();                 //按学号修改记录
void deleteR();                 //按学号删除记录
void insertR();                 //按位置插入记录
void sortN();                   //按姓名排序
void sortA();                   //按年龄排序

main()
{
    char b[3], *p;//b数组用于接收键盘输入的选择主菜单的数字,p指针用于指向该数组
    int w;              //w变量是b字符串转换后的数值
    char str[16][3]={"1","2","3","4","5","6","7","8","9","10","11","12","13","14","
15","0"};
    while (1)//永真循环,通过输入特定值0退出
    { //主菜单
        printf("-----   1: Write a record file --------------\n");
        printf("-----   2: Read   a record file ------------\n");
        printf("-----   3: Average age ---------------------\n");
        printf("-----   4: Max age -------------------------\n");
        printf("-----   5: Min age -------------------------\n");
        printf("-----   6: Search a record by ID ----------\n");
        printf("-----   7: Search a record by name -------\n");
        printf("-----   8: Search a record by Phone ------\n");
```

```
        printf("-----   9: Search a record by Age --------\n");
        printf("----- 10: Count record by gender --------\n");
        printf("----- 11: Modify a record by ID ---------\n");
        printf("----- 12: Delete a record by ID ----------\n");
        printf("----- 13: Insert a record ----------------\n");
        printf("----- 14: Sort records by Name(A->Z) -\n");
        printf("----- 15: Sort records by Age(H->L) --\n");
        printf("-----   0: Exit -------------------------\n");

        w=0;                          //w 变量是 b 字符串转换后的数值
        gets(b);                      //接收键盘输入
        if (strcmp(b,str[15])==0) break;//输入 0 结束程序
        p=b;
        while ( * p)      //将字符型数转换为数值
        {
            w = w * 10+( * p-48);
            p ++;
        }
        switch (w)
        {
            case 1:write();break;
            case 2:read();break;
            case 3:averA();break;
            case 4:maxA();break;
            case 5:minA();break;
            case 6:searchI();break;
            case 7:searchN();break;
            case 8:searchP();break;
            case 9:searchA();break;
            case 10:countR();break;
            case 11:modifyR();break;
            case 12:deleteR();break;
            case 13:insertR();break;
            case 14:sortN();break;
            case 15:sortA();break;
        }
    }
}

void write()      //输入数据并写文件
{
    int count=0,no=0;
    char a[2],n1[]="n",n2[]="N";
```

```
char age[3], *p;
if ((fp=fopen( "student.dat", "rb"))==NULL)
{
    printf("没有建立此文件,先输入数据建立！\n");
}
else
{
    while (! feof(fp))
    {
        fread(&st[no],sizeof(STU),1,fp);
        no ++;
    }
    printf("Number=%d\n",no-1);
    fclose( fp );
}
fp = fopen( "student.dat", "ab" );
while (1)
{
    printf("输入学号:");
    gets(st[count+no].ID);
    printf("输入姓名:");
    gets(st[count+no].Name);
    printf("输入电话:");
    gets(st[count+no].PhoneID);
    printf("输入性别:");
    gets(st[count+no].Gender);
    printf("输入年龄:");
    gets(age);
    st[count+no].Age=0;
    p=age;
    while ( *p)      //将字符型数转换为数值
    {
        st[count+no].Age = st[count+no].Age*10+( *p-48);
        p ++;
    }
    count ++;
    st[count-1+no].num=count+no-1;
    printf("继续吗?(Y/N)");
    gets(a);
    if ((strcmp(a,n1)==0) || (strcmp(a,n2)==0)) break;
}
fwrite(st+no,sizeof(STU),count, fp);
fclose( fp );
```

```
        return;
    }

    void read()            //读记录
    {
        int i,no=0,flen;
        if ((fp=fopen( "student.dat", "rb"))==NULL)
        {
            printf("不能打开,请先建立此文件! \n");
            exit(1);
        }
        while (! feof(fp))
        {
            fread(&st[no],sizeof(STU),1,fp);
            no ++;
        }
        printf("Number=%d\n",no-1);
        fseek(fp,0,2);                  //偏移到文件尾
        flen=ftell(fp);                 //文件长度
        printf("length=%d\n",flen);
        fclose( fp );
        for (i=0;i<no-1;i ++)
        {
            printf("序号:%d\n", st[i].num);
            printf("学号:%s\n", st[i].ID);
            printf("姓名:%s\n", st[i].Name);
            printf("电话:%s\n", st[i].PhoneID);
            printf("性别:%s\n", st[i].Gender);
            printf("年龄:%d\n", st[i].Age);
            printf("------------------------\n");
        }
        return;
    }

void searchN()  //按姓名查找记录
{
    int i,no=0;
    char strname[9];
    fp=fopen( "student.dat", "rb" );
    while (! feof(fp))
    {
        fread(&st[no],sizeof(STU),1,fp);
        no ++;
```

```
    }
    fclose( fp );
    printf("输入要查找的姓名:");
    gets(strname);
    for (i=0;i<no-1;i ++)
    {
        if (strcmp(st[i]. Name,strname)==0)
        {
            printf("找到,具体信息为:\n");
            printf("序号:%d\n", st[i]. num);
            printf("学号:%s\n", st[i]. ID);
            printf("姓名:%s\n", st[i]. Name);
            printf("电话:%s\n", st[i]. PhoneID);
            printf("性别:%s\n", st[i]. Gender);
            printf("年龄:%d\n", st[i]. Age);
            printf("---------------------------\n");
            return;
        }
    }
    printf("未找到! \n");
    return;
}

void searchI()  //按学号查找记录
{
    int i,no=0;
    char strID[12];
    fp=fopen( "student. dat", "rb" );
    while (! feof(fp))
    {
        fread(&st[no],sizeof(STU),1,fp);
        no ++;
    }
    fclose( fp );
    printf("输入要查找的学号:");
    gets(strID);
    for (i=0;i<no-1;i ++)
    {
        if (strcmp(st[i]. ID,strID)==0)
        {
            printf("找到,具体信息为:\n");
            printf("序号:%d\n", st[i]. num);
            printf("学号:%s\n", st[i]. ID);
```

```
            printf("姓名:%s\n", st[i].Name);
            printf("电话:%s\n", st[i].PhoneID);
            printf("性别:%s\n", st[i].Gender);
            printf("年龄:%d\n", st[i].Age);
            printf("------------------------\n");
            return;
        }
    }
    printf("未找到! \n");
    return;
}

void searchP()//按电话查找记录
{
    int i,no=0;
    char strP[9];
    fp=fopen( "student.dat", "rb" );
    while (! feof(fp))
    {
        fread(&st[no],sizeof(STU),1,fp);
        no ++;
    }
    fclose( fp );
    printf("输入要查找的电话:");
    gets(strP);
    for (i=0;i<no-1;i ++)
    {
        if (strcmp(st[i].PhoneID,strP)==0)
        {
            printf("找到,具体信息为:\n");
            printf("序号:%d\n", st[i].num);
            printf("学号:%s\n", st[i].ID);
            printf("姓名:%s\n", st[i].Name);
            printf("电话:%s\n", st[i].PhoneID);
            printf("性别:%s\n", st[i].Gender);
            printf("年龄:%d\n", st[i].Age);
            printf("------------------------\n");
            return;
        }
    }
    printf("未找到! \n");
    return;
}
```

```
void searchA()//按年龄查找记录
{
    int i,no=0,flag=0;
    int age,count=0;
    fp=fopen( "student.dat", "rb" );
    while (! feof(fp))
    {
        fread(&st[no],sizeof(STU),1,fp);
        no ++;
    }
    fclose( fp );
    printf("输入要查找的年龄:");
    scanf("%d",&age);
    for (i=0;i<no-1;i ++)
    {
        if (st[i].Age==age)
        {
            printf("找到,具体信息为:\n");
            printf("序号:%d\n", st[i].num);
            printf("学号:%s\n", st[i].ID);
            printf("姓名:%s\n", st[i].Name);
            printf("电话:%s\n", st[i].PhoneID);
            printf("性别:%s\n", st[i].Gender);
            printf("年龄:%d\n", st[i].Age);
            printf("--------------------------\n");
            flag=1;
            count ++;
        }
    }
    if (flag==0)
        printf("未找到! \n");
    else
        printf("共找到 %d 个同龄人。\n",count);
    return;
}

void averA()//统计平均年龄
{
    int i,no=0;
    float sum=0;
    fp=fopen( "student.dat", "rb" );
    while (! feof(fp))
    {
```

```
        fread(&st[no],sizeof(STU),1,fp);
        no ++;
    }
    fclose( fp );
    for (i=0;i<no-1;i ++)
        sum=sum+st[i]. Age;
    sum=sum/(no-1);
    printf("平均年龄:%5.1f\n", sum);
    return;
}

void countR()//按性别统计记录数
{
    int i,no=0,count=0;
    char strG[3];
    fp=fopen( "student.dat", "rb" );
    while (! feof(fp))
    {
        fread(&st[no],sizeof(STU),1,fp);
        no ++;
    }
    fclose( fp );
    printf("输入要查找的性别:");
    gets(strG);
    for (i=0;i<no-1;i ++)
    {
        if (strcmp(st[i]. Gender,strG)==0)
        {
            count ++;
        }
    }
    printf("共找到 %d 条%s 生记录! \n", count,strG);
    return;
}

void modifyR()      //修改指定的学号记录
{
    int i,no=0;
    char strID[12];
    char age[3], * p;
    fp=fopen( "student.dat", "rb+" );
    while (! feof(fp))
    {
```

```
        fread(&st[no],sizeof(STU),1,fp);
        no ++;
    }
    printf("输入要修改的学号:");
    gets(strID);
    for (i=0;i<no-1;i ++)
    {
        if (strcmp(st[i]. ID,strID)==0)
        {
            printf("要修改学号的具体信息为:\n");
            printf("序号:%d\n", st[i]. num);
            printf("学号:%s\n", st[i]. ID);
            printf("姓名:%s\n", st[i]. Name);
            printf("电话:%s\n", st[i]. PhoneID);
            printf("性别:%s\n", st[i]. Gender);
            printf("年龄:%d\n", st[i]. Age);
            printf("-------------------------\n");
            break;
        }
    }
    printf("输入学号:");
    gets(st[i]. ID);
    printf("输入姓名:");
    gets(st[i]. Name);
    printf("输入电话:");
    gets(st[i]. PhoneID);
    printf("输入性别:");
    gets(st[i]. Gender);
    printf("输入年龄:");
    gets(age);
    st[i]. Age=0;
    p=age;
    while ( * p)      //将字符型数转换为数值
    {
        st[i]. Age = st[i]. Age * 10+( * p-48);
        p ++;
    }
    fseek(fp, sizeof(STU) * i, SEEK_SET);
    fwrite(st+i,sizeof(STU),1, fp);
    fclose( fp );
    return;
}
```

```
void deleteR()//删除指定的学号记录
{
    int i,j,no=0;
    char strID[12];
    fp=fopen( "student.dat", "rb" );
    while (! feof(fp))
    {
        fread(&st[no],sizeof(STU),1,fp);
        no ++;
    }
    fclose(fp);
    printf("输入要删除的学号:");
    gets(strID);
    for (i=0;i<no-1;i ++)
    {
        if (strcmp(st[i].ID,strID)==0)
            break;
    }
    if (i! =(no-2))
    {
        for (j=i;j<no-1;j ++)//往上移动
        {
            st[j]=st[j+1];
            st[j].num -=1;
        }
    }
    fp=fopen( "student.dat", "wb" );
    fwrite(st,sizeof(STU),no-2, fp);
    fclose( fp );
    return;
}

void insertR()      //插入记录
{
    int j,no=0;
    int pos;
    STU t;
    char age[3], * p;

    fp=fopen( "student.dat", "rb" );
    while (! feof(fp))
    {
        fread(&st[no],sizeof(STU),1,fp);
```

```
        no ++;
    }
    fclose(fp);
    printf("输入要插入的位置:");
    scanf("%d",&pos);
    fflush(stdin);
    t.num = pos;
    printf("输入学号:");
    gets(t.ID);
    printf("输入姓名:");
    gets(t.Name);
    printf("输入电话:");
    gets(t.PhoneID);
    printf("输入性别:");
    gets(t.Gender);
    printf("输入年龄:");
    gets(age);
    t.Age=0;
    p=age;
    while (*p)
    {
        t.Age = t.Age*10+(*p-48);
        p ++;
    }

    if (pos < (no-1))
    {
        for (j=no-1;j>=pos;j--)//往下移动,留出一个存储单元
        {
            st[j]=st[j-1];
            st[j].num+=1;
        }
    }
    st[pos-1]=t;
    fp=fopen( "student.dat", "wb" );
    fwrite(st,sizeof(STU),no, fp);
    fclose( fp );
    return;
}

void sortN()      //按姓名排序
{
    int i,j,no=0;
```

```
    STU t;
    fp=fopen( "student.dat", "rb" );
    while (! feof(fp))      //读记录到数组
    {
        fread(&st[no],sizeof(STU),1,fp);
        no ++;
    }
    fclose( fp );
    for (i=0;i<no-2;i ++)      //冒泡排序
    {
        for (j=0;j<no-2-i;j ++)
        {
            if (strcmp(st[j].Name,st[j+1].Name)>0 )      //交换
            {
                t=st[j];
                st[j]=st[j+1];
                st[j+1]=t;
            }
        }
    }
    for (i=0;i<no-1;i ++)//显示排序结果
    {
        printf("序号:%d\n", st[i].num);
        printf("学号:%s\n", st[i].ID);
        printf("姓名:%s\n", st[i].Name);
        printf("电话:%s\n", st[i].PhoneID);
        printf("性别:%s\n", st[i].Gender);
        printf("年龄:%d\n", st[i].Age);
        printf("--------------------------\n");
    }
}

void sortA()      //按年龄排序
{
    int i,j,no=0;
    STU t;
    fp=fopen( "student.dat", "rb" );
    while (! feof(fp))      //读记录到数组
    {
        fread(&st[no],sizeof(STU),1,fp);
        no ++;
    }
    fclose( fp );
```

```
    for (i=0;i<no-2;i ++)       //冒泡排序
    {
        for (j=0;j<no-2-i;j ++)
        {
            if (st[j]. Age <st[j+1]. Age )     //交换
            {
                t=st[j];
                st[j]=st[j+1];
                st[j+1]=t;
            }
        }
    }
    for (i=0;i<no-1;i ++)       //显示排序结果
    {
        printf("序号:%d\n", st[i]. num);
        printf("学号:%s\n", st[i]. ID);
        printf("姓名:%s\n", st[i]. Name);
        printf("电话:%s\n", st[i]. PhoneID);
        printf("性别:%s\n", st[i]. Gender);
        printf("年龄:%d\n", st[i]. Age);
        printf("-------------------------\n");
    }
}
void maxA()           //最大年龄记录
{
    int i,maxa,no=0;
    fp=fopen( "student. dat", "rb" );
    while (! feof(fp))      //读记录到数组
    {
        fread(&st[no],sizeof(STU),1,fp);
        no ++;
    }
    fclose( fp );
    maxa=st[0]. Age;  //年龄最大值赋初值
    for (i=0;i<no-1;i ++)
    {
        if (maxa<st[i]. Age )
            maxa=st[i]. Age;
    }
    for (i=0;i<no-1;i ++)
    {
        if (st[i]. Age==maxa )      //显示年龄最大值记录
        {
```

```
            printf("序号:%d\n", st[i].num);
            printf("学号:%s\n", st[i].ID);
            printf("姓名:%s\n", st[i].Name);
            printf("电话:%s\n", st[i].PhoneID);
            printf("性别:%s\n", st[i].Gender);
            printf("年龄:%d\n", st[i].Age);
            printf("--------------------------\n");
        }
    }
}

void minA()            //最小年龄记录
{
    int i,mina,no=0;
    fp=fopen( "student.dat","rb" );
    while (! feof(fp))     //读记录到数组
    {
        fread(&st[no],sizeof(STU),1,fp);
        no ++;
    }
    fclose( fp );
    mina=st[0].Age;     //年龄最小值赋初值
    for (i=0;i<no-1;i ++)
    {
        if (mina>st[i].Age )
            mina=st[i].Age;
    }
    for (i=0;i<no-1;i ++)
    {
        if (st[i].Age==mina )     //显示年龄最小值记录
        {
            printf("序号:%d\n", st[i].num);
            printf("学号:%s\n", st[i].ID);
            printf("姓名:%s\n", st[i].Name);
            printf("电话:%s\n", st[i].PhoneID);
            printf("性别:%s\n", st[i].Gender);
            printf("年龄:%d\n", st[i].Age);
            printf("--------------------------\n");
        }
    }
}
```

运行菜单如下：

```
-------  1: Write a record file -----------
-------  2: Read  a record file -----------
-------  3: Average age -------------------
-------  4: Max age -----------------------
-------  5: Min age -----------------------
-------  6: Search a record by ID ---------
-------  7: Search a record by name -------
-------  8: Search a record by Phone ------
-------  9: Search a record by Age --------
------- 10: Count record by gender --------
------- 11: Modify a record by ID ---------
------- 12: Delete a record by ID ---------
------- 13: Insert a record --------------
------- 14: Sort records by Name(A->Z) ----
------- 15: Sort records by Age(H->L) -----
-------  0: Exit -------------------------
```